高等院校艺术设计类专业系列教材

Photoshop 2022

平面设计
应用案例教程
(全视频微课版)

靳彦　郭睿　卜彦波　编著

清华大学出版社
北京

内容简介

本书根据用户使用Photoshop软件的习惯，由简到繁精心设计了88个案例，循序渐进地讲解了使用Photoshop制作和设计专业平面作品所需的知识。全书共分为12章，内容包括Photoshop的基础操作、图像编修基础与调整、图像的选取与编辑、绘图与修图、填充与擦除、图层与路径、蒙版与通道、文字特效编辑与应用、网页元素设计与制作、企业形象设计、海报设计，以及封面与版式设计等。书中采用案例教程的编写形式，在具体应用中体现软件的功能与特点。

本书提供所有案例的素材文件、源文件、教学视频，以及PPT教学课件、教案和教学大纲等立体化教学资源，并附赠40集配色设计教学课程，帮助读者快速提升实战能力。

本书可作为高等院校平面设计、视觉传达设计、环境设计、产品设计、服装与服饰设计等专业的教材，也可作为专业设计人员及广大设计爱好者的参考书。

图书在版编目(CIP)数据

Photoshop 2022平面设计应用案例教程：全视频微课版 / 靳彦，郭睿，卜彦波编著. —北京：清华大学出版社，2023.8

高等院校艺术设计类专业系列教材

ISBN 978-7-302-64097-4

Ⅰ．①P…　Ⅱ．①靳…②郭…③卜…　Ⅲ．①平面设计－图像处理软件－高等学校－教材　Ⅳ．①TP391.413

中国国家版本馆CIP数据核字(2023)第130494号

责任编辑：李　磊
封面设计：杨　曦
版式设计：思创景点
责任校对：成凤进
责任印制：丛怀宇

出版发行：清华大学出版社
网　　　址：https://www.tup.com.cn，https://www.wqxuetang.com
地　　　址：北京清华大学学研大厦A座　　　　　　　　邮　　编：100084
社　总　机：010-83470000　　　　　　　　　　　　　邮　　购：010-62786544
投稿与读者服务：010-62776969，c-service@tup.tsinghua.edu.cn
质　量　反　馈：010-62772015，zhiliang@tup.tsinghua.edu.cn
印　装　者：天津鑫丰华印务有限公司
经　　　销：全国新华书店
开　　　本：185mm×260mm　　　印　　张：12.5　　　字　　数：335千字
版　　　次：2023年10月第1版　　　印　　次：2023年10月第1次印刷
定　　　价：69.80元

产品编号：096851-01

随着计算机成为当今人们不可或缺的生产工具，平面设计也从之前的手稿设计发展为计算机辅助设计，通过使用计算机中的平面设计软件，不但节约了设计时间，而且从根本上解决了设计人员对手绘不熟悉的问题。在所有平面设计软件中，Photoshop因其操作简单、容易上手，且能按照设计师的意愿随意添加图像特效等优势，成为当之无愧的领头羊。

市面上的Photoshop书籍总体分为两种：一种是以理论为主的功能讲解；另一种是以实例为主的案例操作。对于软件的初学者来说，总是会被理论或直接的案例搞得一头雾水，不知软件的某个功能具体在什么时候使用。针对这一困惑，我们为大家编写了这本在实例中穿插Photoshop软件功能的书籍，全书以案例的形式对理论进行适当讲解，便于读者了解软件功能在设计中的运用。希望通过本书，能够帮助读者解决学习中遇到的难题，提高技术水平，快速成为平面设计高手。

本书特点

党的二十大报告为我国坚定推进教育高质量发展指出了明确的方向。在此背景下，本书编写组以"加快推进教育现代化，建设教育强国，办好人民满意的教育"为目标，以"强化现代化建设人才支撑"为动力，以"为实现中华民族伟大复兴贡献教育力量"为指引，进行了满足新时代新需求的创新性编写尝试。

本书内容由浅入深，以案例展开对软件功能的讲解，帮助读者尽快掌握软件的操作方法。本书具有如下特点。

- **内容全面**。本书几乎涵盖了Photoshop 2022软件的全部知识点，在设计中涉及的各种方法和技巧都有相应的案例作为引导。
- **循序渐进**。本书由高校老师及一线设计师共同编写，从设计的一般流程入手，逐步引导读者学习软件操作和平面设计的各种技能。
- **通俗易懂**。本书以简洁、精练的语言讲解每一个案例和每一项软件功能，讲解清晰，前后呼应，让读者学习起来更加轻松，阅读更加容易。
- **案例丰富**。书中每一个案例都倾注了作者多年的实践经验，每一项功能都经过技术认证，技巧全面实用，技术含量高。
- **理论与实践结合**。书中的实例都是以软件的某个重要知识点展开，使读者更容易理解，方便对知识点的掌握。

本书内容

本书由高校教师及一线设计师共同编写，采用案例教程的编写形式，兼具技术手册和应用技巧参考手册的特点，在具体应用中体现软件的功能和知识点。书中根据Photoshop软件的特点及用户的使用习惯，由简到繁精心设计了88个案例，循序渐进地讲解使用Photoshop制作和设计专业平面作品所需的知识。本书内容包括Photoshop的基础操作、图像编修基础与调整、图像的选取与编辑、绘图与修图、填充与擦除、图层与路径、蒙版与通道、文字特效编辑与应用、网页元素设计与制作、企业形象设计、海报设计，以及封面与版式设计等。

本书提供所有案例的素材文件、源文件、教学视频，以及PPT教学课件、教案和教学大纲等立体化教学资源，还附赠40集配色设计教学课程，读者可扫描右侧的二维码，推送到自己的邮箱后下载获取；也可直接扫描书中二维码，观看教学视频。下载完成后，系统会自动生成多个文件夹，配套资源被分别存储在其中，将所有文件夹里的资源复制出来即可。

教学资源

读者对象

本书是非常实用的入门与提高教程，主要面向初、中级读者。书中对于软件的讲解，从必备的基础操作开始，以前没有接触过Photoshop的读者无须参照其他书籍即可轻松入门；使用过Photoshop的读者，同样可以从中快速了解该软件的各项功能和知识点。

本书可作为高等院校平面设计、视觉传达设计、环境设计、产品设计、服装与服饰设计等专业的教材，也可作为专业设计人员及广大设计爱好者的参考书。

本书作者

本书作者具有多年丰富的教学经验和设计实践经验，在编写本书时将自己实际授课和作品设计过程中积累下来的宝贵经验与技巧展现给读者，希望读者能够在体会Photoshop软件强大功能的同时，将创意和设计理念通过软件操作反映到图形图像设计制作的视觉效果中。

本书由靳彦、郭睿、卜彦波编著。其中，卜彦波负责编写第1、2章，共计60千字；靳彦负责编写第3、4章，共计60千字；郭睿负责编写第5、6章，共计60千字。另外，参与编写的人员还有王红蕾、陆沁、吴国新、时延辉、王子桐、刘绍婕、尚彤、张叔阳、葛久平、殷晓峰、谷鹏、刘东美、胡渤、赵頔、张猛、齐新、王海鹏、刘爱华、张杰、张凝、王君赫、潘磊、周荣、周莉、陆鑫、付强、刘智梅、秦丽研、施杨志、黄启辉、陈美荣、郭琼、覃衍臻等。

由于作者水平所限，书中疏漏和不足之处在所难免，敬请广大读者批评、指正。

编　者

2023.6

目 录

第6章　图层与路径　080

第7章　蒙版与通道　100

第8章　文字特效编辑与应用　115

第1章

Photoshop的基础操作

本章主要讲解Photoshop的基础操作，内容包括新建、打开、保存等文件的基本操作方法，像素与分辨率、位图与矢量图、颜色模式等图像应用方面的基本概念，以及标尺、网格、参考线和界面模式的设置等。通过本章的学习，读者能够对Photoshop软件和图像的概念有初步的了解。

案例1　认识工作界面

教学视频

通过打开如图1-1所示的效果图，迅速了解Photoshop 2022的工作界面。

图1-1　效果图

案例　重点

- "打开"菜单命令的使用。
- 工作界面的各个组成部分及功能。

案例　步骤

01 → 执行菜单"文件"/"打开"命令，打开附赠资源中的"素材文件"/"第1章"/"夜"素材。Photoshop 2022的工作界面，如图1-2所示。

图1-2　工作界面

02 → 菜单栏由"文件""编辑""图像""图层""文字""选择""滤镜""3D""视图""增效工具""窗口"和"帮助"共12类菜单组成，包含了操作时要使用的所有命令。要使用菜单中的命令，❶将鼠标指针指向菜单中的某项并单击，此时将显示相应的菜单，❷在菜单中上下移动鼠标进行选择，❸再单击要使用的菜单选项，即可执行此命令。图1-3为执行"滤镜"/"风格化"命令后的下拉菜单。

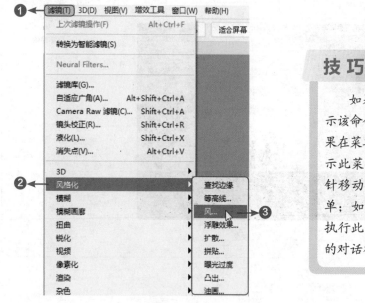

图1-3　菜单命令

技巧

如果菜单中的命令呈现灰色，则表示该命令在当前编辑状态下不可用；如果在菜单右侧有一个三角符号▶，则表示此菜单包含子菜单，只要将鼠标指针移动到该菜单上，即可打开其子菜单；如果在菜单右侧有省略号…，则执行此菜单命令时将会弹出与之相关的对话框。

03 → 工具箱位于工作界面的左侧，所有工具都放置在工具箱中。要使用工具箱中的工具，只要单击该工具图标即可在文件中使用。如果该图标中还有其他工具，❶单击鼠标右键即可弹出隐藏工具栏，❷选择其中的工具单击即可使用。Photoshop的工具箱如图1-4所示。

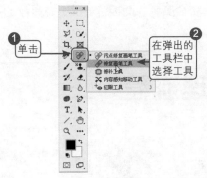

图1-4 工具箱

04 → 属性栏(选项栏)一般被固定放在菜单栏的下方，提供控制工具属性的选项，其显示内容根据所选工具的不同而发生变化。选择相应的工具后，属性栏(选项栏)将显示该工具可使用的功能和可进行的编辑操作等。图1-5是在工具箱中单击 ▦ (矩形选框工具)，显示的该工具的属性栏。

图1-5 矩形选框工具的属性栏

05 → 图像窗口是进行绘制、编辑图像的区域。用户可以根据需要执行"视图"/"显示"菜单中的命令，控制图像窗口的显示内容。

06 → 图像窗口的标题栏，显示当前图像的文件名、颜色模式和显示比例等信息。

07 → 状态栏在图像窗口的底部，用来显示当前打开文件的一些信息，如图1-6所示。❶单击三角符号打开子菜单，❷显示状态栏包含的所有可显示选项，各项含义如下。

- 文档大小：在图像所占空间中显示所编辑图像的文档大小情况。

- 文档配置文件：在图像所占空间中显示当前所编辑图像的图像模式，如RGB颜色、灰度、CMYK颜色等。

- 文档尺寸：显示当前所编辑图像的尺寸大小。

图1-6 状态栏

- 测量比例：显示当前进行测量时的比例尺。

- 暂存盘大小：显示当前所编辑图像占用暂存盘的大小情况。

- 效率：显示当前所编辑图像操作的效率。

- 计时：显示当前所编辑图像操作所用去的时间。

- 当前工具：显示当前编辑图像时用到的工具名称。

- 32位曝光：编辑图像曝光只在32位图像中起作用。

- 存储进度：显示后台存储文件时的时间进度。

- 智能对象：显示当前文档中的智能对象数量。

- 图层计数：记录当前文档中存在的图层和图层组的数量。

08 → 面板组是放置面板的区域，根据设置工作区的不同会显示与该工作相关的面板，如"图层"面板、"通道"面板、"路径"面板、"样式"面板和"颜色"面板等。面板总是浮动在窗口的上方，用户可以随时切换以访问不同的面板内容。

案例2 认识图像处理流程

通过制作如图1-7所示的效果图，初步了解新建文件、保存文件、关闭文件、打开文件的一些基础知识和图像处理流程。

教学视频

图1-7 效果图

案例 重点

- "新建""打开"和"保存"命令的使用。
- "移动工具"的应用。
- "缩放"命令的使用。
- 填充前景色。

案例 步骤

01 → 执行菜单"文件"/"新建"命令或按Ctrl+N键，弹出"新建文档"对话框，将其命名为"新建文件"，设置"宽度"为942像素、"高度"为712像素、"分辨率"为300像素/英寸，在"颜色模式"中选择"RGB颜色"，选择"背景内容"为"白色"，如图1-8所示。

02 → 单击"创建"按钮，系统会新建一个白色背景的空白文档，如图1-9所示。

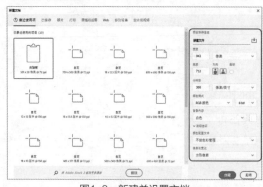

图1-8 新建并设置文档

图1-9 新建空白文档

03 → 执行菜单"文件"/"打开"命令，打开附赠资源中的"素材文件"/"第1章"/"精彩桌面"素材，如图1-10所示。

04 → 在工具箱中选择 ⊕ (移动工具)，拖曳素材文件中的图像到刚刚新建的空白文件中，在"图层"面板的新建图层的名称上双击，并将其命名为"大象"，如图1-11所示。

图1-10 打开素材图片

图1-11 为新图层命名

05 → 执行菜单"编辑"/"变换"/"缩放"命令，调出缩放变换框，拖曳控制点将图像缩小，如图1-12所示。

图1-12 缩小图像

技巧

拖曳控制点将会等比例缩放对象；按住Shift键拖曳控制点，将会随意缩放对象；按住Alt键拖曳控制点，将会从变换中心点开始等比例缩放对象。

06 → 按Enter键，确认对图像的变换操作。在"图层"面板中选中"背景"图层，按Alt+Delete键，将背景填充为默认的前景色，如图1-13所示。

07 → 执行菜单"文件"/"存储为"命令，弹出"存储为"对话框。选择文件存储的位置，设置"文件名"为"认识图像处理流程"，在"保存类型"中选择需要存储的文件格式(这里选择的格式为PSD格式)，如图1-14所示。设置完毕，单击"保存"按钮，文件即被保存。

技巧

在Photoshop 2022中，可以通过"置入"命令将其他格式的图像导入当前文档中，在图层中会自动以智能对象的形式显示。

图1-13 填充背景

图1-14 存储文件

案例3　设置和使用标尺与参考线

通过制作如图1-15所示的效果图，了解标尺和参考线的使用方法。

教学视频

图1-15　效果图

案例　重点

- "新建""打开"和"保存"命令的使用。
- 标尺的使用。
- 参考线的使用。
- 填充前景色。

案例　步骤

01 → 执行菜单"文件"/"打开"命令，打开附赠资源中的"素材文件"/"第1章"/"花"素材，如图1-16所示。

02 → 执行菜单"视图"/"标尺"命令，或按Ctrl+R键，显示/隐藏标尺，如图1-17所示。

03 → 执行菜单"编辑"/"首选项"/"单位与标尺"命令，弹出"首选项"对话框。在其中可以预置标尺的单位、列尺寸、新文档预设分辨率和点/派卡大小。在此只设置标尺的"单位"为"像素"，其他参数不变，如图1-18所示。

图1-16　打开素材图片

图1-17　显示/隐藏标尺

图1-18　设置"像素"参数

04 → 设置完毕，单击"确定"按钮，即可改变标尺的单位，如图1-19所示。

技巧

改变标尺原点时，如果要使标尺原点对齐标尺上的刻度，拖曳时按住Shift键即可。如果想恢复标尺的原点，在标尺左上角的交叉处双击鼠标左键即可。

05 → 执行菜单"视图"/"新建参考线"命令，弹出"新建参考线"对话框。选中"垂直"单选按钮，设置"位置"为950像素，单击"确定"按钮，如图1-20所示。

06 → 执行菜单"视图"/"新建参考线"命令，弹出"新建参考线"对话框。选中"水平"单选按钮，设置"位置"为800像素，单击"确定"按钮，如图1-21所示。

图1-19 改变标尺的单位

图1-20 设置垂直参考线

图1-21 设置水平参考线

技巧

将鼠标指针指向标尺处，按住鼠标左键向工作区内水平或垂直拖曳，在目的地释放鼠标按键后，在工作区内将会显示参考线；选择 ✛ (移动工具)，当鼠标指针指向参考线时，按住鼠标左键便可移动参考线在工作区内的位置；将参考线拖曳至标尺处，即可删除参考线。

07 → 在工具箱中，单击"切换前景色与背景色"按钮，将"前景色"设置为白色，"背景色"设置为黑色，如图1-22所示。

08 → 选择 T (横排文字工具)，设置合适的文字大小和文字字体后，在页面上输入白色字母Flower，如图1-23所示。

09 → 执行菜单"视图"/"清除参考线"命令，清除参考线。在"图层"面板中，❶拖曳"Flower"文字图层到"创建新图层" 按钮上，❷得到"Flower 拷贝"图层，如图1-24所示。

图1-22 切换前景色与背景色

图1-23 设置和输入文字

图1-24 复制图层

10 → 将"Flower 拷贝"图层中的文字颜色设置为"黑色"，并使用 ✛ (移动工具)将其移动到相应的位置，如图1-25所示。

11 → 在"图层"面板中选择"背景"图层，执行菜单"图像"/"调整"/"色相"/"饱和度"命令，弹出"色相/饱和度"对话框。设置"色相"为95、"饱和度"为0、"明度"为0，如图1-26所示。

12 → 设置完毕，单击"确定"按钮，完成本例的制作，最终效果如图1-27所示。

图1-25 设置颜色并移动

图1-26 设置"色相/饱和度"参数

图1-27 最终效果

案例4 设置暂存盘和使用内存

使软件的运行速度更快。

教学视频

案例 重点

- 设置软件的暂存盘。
- 设置软件的内存。

案例 步骤

01 → 执行菜单中的"编辑"/"首选项"/"暂存盘"命令，弹出"首选项"对话框。设置暂存盘1为D:\，2为E:\，3为F:\，4为G:\，5为H:\，如图1-28所示。

02 → 设置完毕，单击"确定"按钮，暂存盘即可应用。

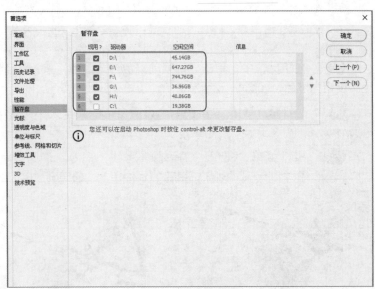
图1-28 设置暂存盘

技巧

第一盘符最好设置为软件的安装位置盘，其他的可以按照硬盘的大小设置预设盘符。

03 → 执行菜单"编辑"/"首选项"/"性能"命令，弹出"首选项"对话框。设置"高速缓存级别"为6，Photoshop占用的最大内存为70%，如图1-29所示。

04 → 设置完毕，单击"确定"按钮，在下一次启动软件时更改即可生效。

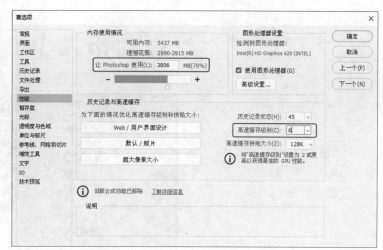

图1-29 设置性能

案例5 设置显示颜色

教学视频

应用最接近用户需要的显示颜色。

案例 重点

● 不同工作环境下的颜色设置。

案例 步骤

01 → 执行菜单"编辑"/"颜色设置"命令，弹出"颜色设置"对话框。选择不同的色彩配置，在下边的说明框中会出现详细的文字说明，如图1-30所示。按照不同的提示，可以自行设置颜色。由于每个人使用Photoshop处理的工作不同，计算机的配置也不同，这里将其设置为最普通的模式。

02 → 设置完毕，单击"确定"按钮，即可使用设置的颜色进行工作了。

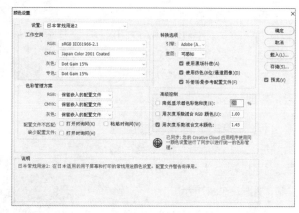

图1-30 设置颜色

技巧

"颜色设置"命令可以保证用户建立的Photoshop 2022文件有稳定而精确的色彩输出。该命令还提供了将RGB(红、绿、蓝)标准的计算机彩色显示器显示模式向CMYK(青色、洋红、黄色、黑色)转换的设置。

案例6　改变画布大小

教学视频

通过制作如图1-31所示的效果图，学习如何改变画布大小。

图1-31　效果图

案例　重点

● 设置"画布大小"对话框。

案例　步骤

01 → 执行菜单"文件"/"打开"命令，打开附赠资源中的"素材文件"/"第1章"/"天使"素材，如图1-32所示。

02 → 执行菜单"图像"/"画布大小"命令，弹出"画布大小"对话框。勾选"相对"复选框，设置"宽度"和"高度"都为0.5厘米，如图1-33所示。

图1-32　打开素材图片

图1-33　设置画布大小

03 → 单击"画布扩展颜色"后面的色块，弹出"拾色器"对话框。设置颜色为RGB(94、94、94)，如图1-34所示。

04 → 设置完毕，单击"确定"按钮，返回"画布大小"对话框。再次单击"确定"按钮，完成画布大小的修改。至此本例制作完成，最终效果如图1-35所示。

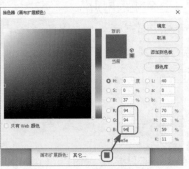

图1-34　设置扩展颜色

图1-35　最终效果

案例7 改变照片分辨率

教学视频

了解在"图像大小"对话框中改变图像分辨率的方法，效果对比如图1-36所示。

图1-36 效果对比

案例 重点

- 设置"图像大小"对话框。

案例 步骤

图1-37 打开素材图片

01 → 打开附赠资源中的"素材文件"/"第1章"/"老人照片"素材，将其作为背景，如图1-37所示。

02 → 执行菜单"图像"/"图像大小"命令，弹出"图像大小"对话框。将"分辨率"设置为300像素/英寸，如图1-38所示。

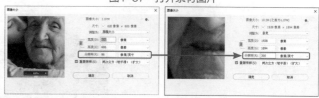

图1-38 设置分辨率

其中的各项含义如下。

- 图像大小：显示调整前和调整后的图像大小。
- 尺寸：设置尺寸的显示单位。
- 调整为：在下拉列表中可以选择多种常用的预设图像大小。例如，如果将图像制作成A6大小的纸张尺寸，则可以选择"A6 105×148毫米300dpi"。选择"自定"后，可以重新定义图像的"宽度"和"高度"。
- 约束比例：对图像的宽度和高度进行等比例调整。
- 宽度和高度：设置图像的宽度或高度。
- 分辨率：设置图像的分辨率大小。
- 重新采样：在调整图像大小的过程中，系统会将原图的像素颜色按一定的内插方式重新分配给新像素。在下拉列表中可以选择内插方式，具体内容如下。
  - 自动：按照图像的特点，在放大或缩小时系统自动进行处理。

- 保留细节(扩大)：在图像放大时可以将图像的细节部分保留。
- 邻近(硬边缘)：不精确的内插方式，以直接舍弃或复制邻近像素的方法来增加或减少像素，此运算方式最快，但是会产生锯齿效果。
- 两次线性：取上下左右4像素的平均值来增加或减少像素，品质介于邻近(硬边缘)和两次立方(平滑渐变)之间。
- 两次立方(平滑渐变)：取周围8像素的加权平均值来增加或减少像素，由于参与运算的像素较多，运算速度较慢，但是色彩的连续性最好。
- 两次立方(较平滑)(扩大)：运算方法与两次立方(平滑渐变)相同，但是色彩连续性会增强，适合增加像素时使用。
- 两次立方(较锐利)(缩减)：运算方法与两次立方(平滑渐变)相同，但是色彩连续性会降低，适合减少像素时使用。
- 缩放样式：单击对话框右上角的按钮，在弹出的菜单中选择"缩放样式"命令后，在调整图像大小时，原有的样式将按照比例进行缩放。

提 示

在调整图像大小时，位图图像与矢量图像会产生不同的结果：位图图像与分辨率有关，因此在更改位图图像的大小时，可能导致图像品质和锐化程度损失；相反，矢量图像与分辨率无关，可以随意调整大小而不会影响边缘的平滑度。

技 巧

如果想把之前的小图像变大，最好不要直接调整为最终大小，这样会使图像的细节大量丢失，我们可以把小图像一点一点地往大调整，使图像的细节少丢失一点。

03 → 设置完毕，单击"确定"按钮，最终效果如图1-39所示。

图1-39　最终效果

案例8　了解位图、双色调颜色模式

了解如何将RGB颜色模式的图像转换成位图与双色调颜色模式。

教学视频

案例 重点
- 转换RGB颜色模式为灰度模式。
- 转换灰度模式为位图模式。
- 转换灰度模式为双色调颜色模式。

案例 步骤

01 → 打开附赠资源中的"素材文件"/"第1章"/"菊花"素材，作为背景，如图1-40所示。

图1-40 打开素材图片

02 → 通常情况下，RGB颜色模式是不能直接转换成位图与双色调颜色模式的，必须先将RGB颜色模式转换成灰度模式。执行菜单"图像"/"模式"/"灰度"命令，弹出"信息"对话框，如图1-41所示。

03 → 单击"扔掉"按钮，将图像中的彩色信息消除，图像变为黑白色，效果如图1-42所示。

04 → 执行菜单"图像"/"模式"/"位图"命令，弹出如图1-43所示的"位图"对话框。

图1-41 "信息"对话框

图1-42 图像变为黑白色

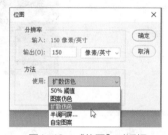

图1-43 "位图"对话框

提 示

只有灰度模式才可以转换成位图模式。

05 → 选择不同的使用方法后，会出现相应的位图效果。

- 50%阈值：将大于50%的灰度像素全部转换为黑色，将小于50%的灰度像素全部转换为白色，选择该选项会得到如图1-44所示的效果。
- 图案仿色：此方法可以使用图形来处理灰度模式，选择该选项会得到如图1-45所示的效果。
- 扩散仿色：将大于50%的灰度像素转换成黑色，将小于50%的灰度像素转换成白色。由于转换过程中的误差，会使图像出现颗粒状的纹理。选择该选项会得到如图1-46所示的效果。

图1-44 50%阈值

图1-45 图案仿色

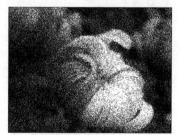

图1-46 扩散仿色

- 半调网屏：选择此选项转换位图时，弹出如图1-47所示的对话框，在其中可以设置频率、角度和形状。选择该选项会得到如图1-48所示的效果。
- 自定图案：选择自定义的图案作为处理位图的减色效果。选择该选项时，下面的"自定图案"

选项会被激活，在其中选择相应的图案即可。选择该选项会得到如图1-49所示的效果。

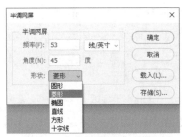

图1-47 "半调网屏"对话框

图1-48 半调网屏效果

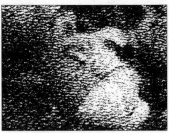

图1-49 自定图案

06 → 下面再看一看转换成双色调颜色模式后的效果。按Ctrl+Z键取消上一步操作，执行菜单"图像"/"模式"/"双色调"命令，弹出"双色调选项"对话框。在"类型"下拉列表中选择"三色调"选项，在"油墨"后面的颜色图标上单击，选择自己喜欢的颜色，如图1-50所示。

07 → 设置完毕，单击"确定"按钮，效果如图1-51所示。

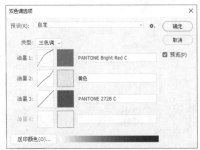

图1-50 设置三色调

图1-51 三色调效果

案例9　了解RGB、CMYK颜色模式

了解RGB、CMYK颜色模式的作用和原理。

教学视频

案例　重点

● 了解RGB颜色模式。　　　　　● 了解CMYK颜色模式。

RGB颜色模式

Photoshop中RGB颜色模式使用RGB模型，并为每像素分配一个强度值。在8位/通道的图像中，彩色图像中的每个RGB(红色、绿色、蓝色)分量的强度值范围为0(黑色)～255(白色)。例如，亮红色的R值为246，G值为20，而B值为50。当所有分量的值相等时，结果是中性灰度级；当所有分量的值为255时，结果是纯白色；当所有分量的值为0时，结果是纯黑色。

RGB图像使用3种颜色或通道在屏幕上重现颜色。在8位/通道的图像中，这3个通道将每像素转换为24(8位×3通道)位颜色信息；对于24位图像，这3个通道最多可以重现1670万种颜色/像素；对于48位(16位/通道)和96位(32位/通道)图像，每像素可重现更多的颜色。新建的Photoshop图像的默认模式为RGB，计算机显示器使用RGB模型显示颜色。这意味着在使用非RGB颜色模式(如CMYK)时，Photoshop会将CMYK图像插值处理为RGB，以便在屏幕上显示。

尽管RGB是标准颜色模型，但是所表示的实际颜色范围仍因应用程序或显示设备而异。Photoshop中的RGB颜色模式会根据"颜色设置"对话框中指定的工作空间的设置而产生相应变化。

当彩色图像中的RGB(红色、绿色、蓝色)3种颜色中的两种颜色叠加到一起，会自动显示出其他的颜色，3种颜色叠加后会产生纯白色，如图1-52所示。

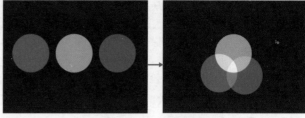

图1-52 RGB颜色模式

CMYK颜色模式

在CMYK颜色模式下，可以为每像素的每种印刷油墨指定一个百分比值。为最亮(高光)颜色指定的印刷油墨颜色百分比较低，而为较暗(阴影)颜色指定的百分比较高。例如，亮红色可能包含2%青色、93%洋红、90%黄色和0%黑色。在CMYK图像中，当4个分量的值均为0%时，就会产生纯白色。

在制作要用印刷色打印的图像时，应使用CMYK颜色模式。将RGB图像转换为CMYK图像会产生分色。从处理RGB图像开始，最好先在RGB颜色模式下编辑，然后在处理结束后转换为CMYK。在RGB颜色模式下，可以使用"校样设置"命令模拟CMYK转换后的效果，而无须真正更改图像数据，也可以使用CMYK颜色模式直接处理从高端系统扫描或导入的CMYK图像。

尽管CMYK是标准颜色模型，但是其准确的颜色范围随印刷和打印条件而变化。Photoshop中的CMYK颜色模式会根据"颜色设置"对话框中指定的工作空间的设置而有所不同。

在图像中绘制三个分别为CMYK黄、CMYK青和CMYK洋红的圆形，将两种颜色叠加到一起时会产生另外一种颜色，三种颜色叠加在一起就会产生黑色，但此时的黑色不是正黑色，所以在印刷时还要添加一个黑色作为配色，如图1-53所示。

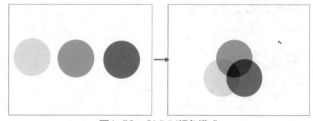

图1-53 CMYK颜色模式

案例10 位图、像素和矢量图

教学视频

了解图像处理中涉及的位图与矢量图的概念。

案例 重点

- 什么是位图。
- 什么是像素。
- 什么是矢量图。

什么是位图

位图图像也叫作点阵图，是由许多不同色彩的像素组成的。与矢量图形相比，位图图像可以更逼真地表现自然界的景物。此外，位图图像与分辨率有关，当放大位图图像时，位图中的像素增加，图像的线条将会显得参差不齐，这是像素被重新分配到网格中的缘故。此时可以看到构成位图图像的无数个单色块，因此当放大位图或在比图像本身的分辨率低的输出设备上显示位图时，将丢失其中的细节，并会呈现出锯齿，如图1-54所示。

图1-54 位图放大后的效果

什么是像素

像素(Pixel)是用来计算数码影像的一种单位。数码影像具有连续性的浓淡色调，我们若把影像放大数倍，会发现这些连续色调其实是由许多色彩相近的小方点所组成的，这些小方点就是构成影像的最小单位——像素(Pixel)。

什么是矢量图

矢量图是使用数学方式描述的曲线，以及由曲线围成的色块组成的面向对象的绘图图形。矢量图中的图形元素叫作对象，每个对象都是独立的，具有各自的属性，如颜色、形状、轮廓、大小和位置等。由于矢量图与分辨率无关，因此无论如何改变图形的大小，都不会影响图形的清晰度和平滑度，如图1-55所示。

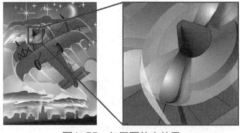

图1-55 矢量图放大效果

本章主要对软件界面、图像处理流程、辅助功能，以及相应的颜色模式等进行讲解，为以后实质性的操作做铺垫。

本章练习

练习

1. 新建空白文档，置入其他格式的图像。

2. 找一张照片，通过"画布大小"命令制作描边效果。

习题

1. 在Photoshop中打开素材的快捷键是 _____ 。

    A. Alt+Q   B. Ctrl+O   C. Shift+O   D. Tab+O

2. Photoshop的属性栏又称为 _____ 。

    A. 工具箱   B. 工作区   C. 选项栏   D. 状态栏

3. 画布大小的快捷键是 _____ 。

    A. Alt+Ctrl+C   B. Alt+Ctrl+R   C. Ctrl+V   D. Ctrl+X

4. 显示与隐藏标尺的快捷键是 _____ 。

    A. Alt+Ctrl+C   B. Ctrl+R   C. Ctrl+V   D. Ctrl+X

第2章

图像编修基础与调整 👆

本章主要讲解使用Photoshop软件对图像进行基础编修与调整的操作，包括图像的旋转、翻转、裁切，以及通过命令对图像进行颜色调整与曝光等，帮助读者学会使用Photoshop进行简单的图像处理。

案例11 图像旋转：横幅变竖幅照片

拍摄的照片在导入计算机后，常常因为拍摄问题导致横幅与竖幅之间的转换或翻转。本例为大家讲解如何处理这类问题，操作流程如图2-1所示。

教学视频

图2-1　流程图

案例 重点

- "图像旋转"命令的使用。
- "还原""重做"命令的使用。
- "复制"命令的使用。
- "恢复"命令的使用。

案例 步骤

01 → 执行菜单"文件"/"打开"命令，打开附赠资源中的"素材文件"/"第2章"/"横躺照片"素材，如图2-2所示。

02 → 执行菜单"图像"/"图像旋转"/"逆时针90度"命令，如图2-3所示。

03 → 应用此命令后，横幅的照片会变为竖幅效果，将其存储后再在计算机中打开，会发现照片会永远以竖幅效果显示，如图2-4所示。

图2-2　打开素材图片

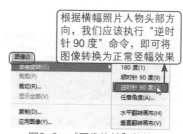

根据横幅照片人物头部方向，我们应该执行"逆时针90度"命令，即可将图像转换为正常竖幅效果

图2-3　"图像旋转"菜单

图2-4　竖幅效果

提示

在"图像旋转"子菜单中的"顺时针90度"和"逆时针90度"命令，是常用的转换竖幅与横幅的命令。

04 → 执行菜单"图像"/"图像旋转"/"水平翻转画布或垂直翻转画布"命令，可将当前照片进行翻转处理，效果如图2-5所示。

技巧

执行菜单"编辑"/"变换"/"水平翻转或垂直翻转"命令，同样可以对图像进行水平或垂直翻转。此命令不能直接应用在"背景"图层中。

05 → 在Photoshop中处理图像时，难免会出现一些错误，或处理到一定程度时看不到原来的效果作为参考。这时我们只要通过Photoshop中的"复制"命令，就可以将当前选取的文件创建一个复制品作为参考，执行菜单"图像"/"复制"命令，弹出如图2-6所示的对话框。

图2-5　翻转效果

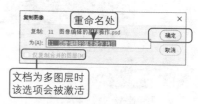

重命名处

文档为多图层时该选项会被激活

图2-6　复制图像并命名

06 → 单击"确定"按钮后，系统会为当前文档新建一个复制的文档，如图2-7所示。当为源文件更改色相时，复制的图片不会受到影响，此时可以看到明显的对比效果，如图2-8所示。

07 → 在使用Photoshop处理图像时，难免会出现错误。当错误出现后，如何还原是非常重要的一项操作。我们只要执行菜单"编辑"/"还原"命令或按Ctrl+Z键，即可向后返回一步，按多次可以还原多次的错误操作；按Ctrl+Alt+Z键切换最终效果；按Ctrl+Shift+Z键重做。

08 → 在使用Photoshop处理图像时，如果出现多处错误，想把图像恢复成原始效果，只要执行菜单"文件"/"恢复"命令，即可将处理后的图像恢复成原始效果。

图2-7 复制文档

调整色相后

图2-8 更改色相对比效果

提示

有人以为Photoshop可以修复所有的图像问题，实际上并非如此，我们必须先确定一个观念，即图像修复的程度取决于原图所记录的细节。细节越多，编修的效果越好；反之，细节越少，或是根本没有将被摄物的细节记录下来，那么再强大的图像软件也很难无中生有地变出合适的图像。因此，若希望编修出好相片，原图的质量不能太差。

案例12 图像裁剪：2寸照片

教学视频

通过制作如图2-9所示的流程效果图，掌握2寸照片的制作流程。

图2-9 流程图

案例 重点

● "裁剪工具"的使用。

● "描边"命令的使用。

案例 步骤

01 → 执行菜单"文件"/"打开"命令，打开附赠资源中的"素材文件"/"第2章"/"人像"素材，如图2-10所示。

02 → 在工具箱中选择 ⧄ (裁剪工具)后，在属性栏中选择"高×宽×分辨率"，在后面的文本框中，设置"宽度"为3.5厘米、"高度"为5.3厘米、"分辨率"为150像素/英寸，如图2-11所示。

图2-10 打开素材图片

图2-11 设置"裁剪"参数

03 → 此时在图像中会出现一个裁剪框，我们可以使用鼠标拖曳裁剪框或移动图像的方法来选择最终保留的区域，如图2-12所示。

04 → 按Enter键，完成裁剪的操作，效果如图2-13所示。

图2-12　调整裁剪框

图2-13　裁剪效果

提示

　　设定后的裁剪值可以在多个图像中使用。设置固定大小，裁剪多个图像后，都具有相同的图像大小和分辨率。裁剪后的图像与绘制的裁剪框无关。

05 → 执行菜单"编辑"/"描边"命令，弹出"描边"对话框，设置参数，如图2-14所示。

06 → 设置完毕，单击"确定"按钮，完成本例的制作，效果如图2-15所示。

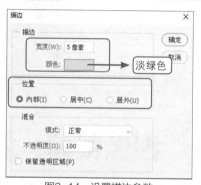

图2-14　设置描边参数

图2-15　最终效果

案例13　色相/饱和度：多张展示图像

通过制作如图2-16所示的流程效果图，掌握"色相/饱和度"命令的应用方法。

教学视频

图2-16　流程图

案例　重点

- 使用"马赛克拼贴"菜单命令，制作图像的背景。
- 使用"色相/饱和度"菜单命令，改变图像的色相。

案例　步骤

01 → 执行菜单"文件"/"新建"命令，弹出"新建文档"对话框，设置参数，单击"创建"按钮，如图2-17所示。执行菜单"滤镜"/"滤镜库"命令，选择"纹理"中的"马赛克拼贴"，在弹出的"马赛克拼贴"对话框中，设置"拼贴大小"为89、"缝隙宽度"为8、"加亮缝隙"为9，如图2-18所示。

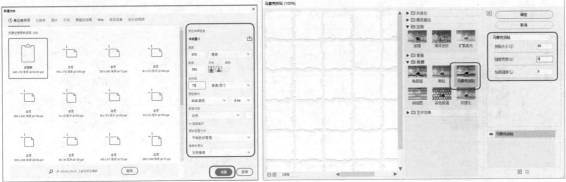

图2-17　新建并设置文档　　　　　　　　　　图2-18　设置"马赛克拼贴"参数

02 → 单击"确定"按钮，图像效果如图2-19所示。

03 → 执行菜单"文件"/"打开"命令，打开附赠资源中的"素材文件"/"第2章"/"小兔子"素材，如图2-20所示。

04 → 在工具箱中选择 ⊕ (移动工具)，将素材图像拖曳至刚刚制作的背景图像中，并将新建的图层命名为"相片"，如图2-21所示。

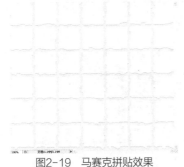

图2-19　马赛克拼贴效果　　　　　图2-20　打开素材图片　　　　　图2-21　命名图层

05 → ❶拖曳"相片"图层至"创建新图层"按钮 ▣ 上，❷得到"相片 拷贝"图层。选择该图层，执行菜单"编辑"/"变换"/"缩放"命令，调出变换框，拖曳控制点将图像缩小，如图2-22所示。

06 → 在"图层"面板中，设置"相片"图层的"不透明度"为30%，图像效果如图2-23所示。

07 → 选择"相片 拷贝"图层，执行菜单"选择"/"载入选区"命令，调出"相片 拷贝"图层的选区，再执行菜单"编辑"/"描边"命令，弹出"描边"对话框，设置如图2-24所示。

图2-22　复制并变换　　　　图2-23　图像效果(1)　　　　图2-24　设置"描边"参数

08 → 设置完毕，单击"确定"按钮，效果如图2-25所示。

09 → 按Ctrl+D键取消选区，执行菜单"图像"/"调整"/"色相/饱和度"命令，弹出"色相/饱和度"对话框，设置参数，如图2-26所示。

10 → 设置完毕，单击"确定"按钮，效果如图2-27所示。

图2-25　描边效果　　　　　图2-26　设置"色相/饱和度"参数(1)　　　　　图2-27　图像效果(2)

11 → 按Ctrl+T键调出变换框，按住Shift键拖曳控制点将图像等比例缩小，再对其进行适当旋转并移动到相应的位置，然后执行菜单"图层"/"图层样式"/"投影"命令，弹出"图层样式"对话框，设置如图2-28所示。

12 → 设置完毕，单击"确定"按钮，效果如图2-29所示。

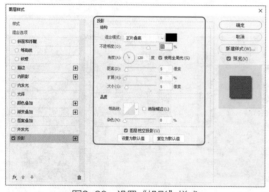 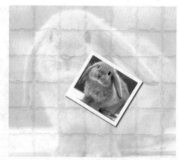

图2-28　设置"投影"样式　　　　　　　　　图2-29　图像效果(3)

13 → 拖曳"相片 拷贝"图层至"创建新图层"按钮 回 上，得到"相片 拷贝2"图层，按Ctrl+T键调出变换框，拖曳控制点对图像进行适当旋转并移动到相应的位置。执行菜单"图像"/"调整"/"色相/饱和度"命令，弹出"色相/饱和度"对话框，设置参数，如图2-30所示。

14 → 设置完毕，单击"确定"按钮，效果如图2-31所示。

图2-30　设置"色相/饱和度"参数(2)　　　　　图2-31　图像效果(4)

15 → 拖曳"相片 拷贝2"图层至"创建新图层"按钮 回 上，得到"相片 拷贝3"图层，按Ctrl+T键调出变换框，拖曳控制点对图像进行适当旋转并移动到相应的位置。执行菜单"图像"/"调整"/"色相/饱和度"命令，弹出"色相/饱和度"对话框，设置参数，如图2-32所示。

16 → 单击"确定"按钮，适当调整图像的位置，保存文件。至此本例制作完成，效果如图2-33所示。

图2-32　设置"色相/饱和度"参数(3)　　　图2-33　最终效果

案例14　色阶与照片滤镜：增加照片层次感

通过制作如图2-34所示的流程效果图，掌握"色阶"与"照片滤镜"命令的应用。

教学视频

图2-34　流程图

案例　重点

- 使用"色阶"命令，调整图像亮度。
- 使用"照片滤镜"命令，调整图像的色调。

案例　步骤

01 → 打开附赠资源中的"素材文件"/"第2章"/"素材-人物"素材，如图2-35所示。

02 → 执行菜单"图像"/"调整"/"色阶"命令，弹出"色阶"对话框，设置参数，如图2-36所示。

03 → 设置完毕，单击"确定"按钮，效果如图2-37所示。

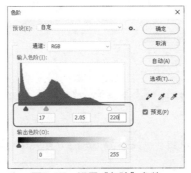

图2-35　打开素材图片　　　　图2-36　设置"色阶"参数　　　　图2-37　调整色阶效果

04 → 执行菜单"图像"/"调整"/"照片滤镜"命令，弹出"照片滤镜"对话框。设置"滤镜"为Sepia、"密度"为25%，如图2-38所示。

05 → 设置完毕，单击"确定"按钮，保存文件。至此本例制作完成，最终效果如图2-39所示。

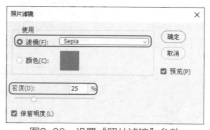

图2-38　设置"照片滤镜"参数

图2-39　最终效果

案例15　曲线与色彩平衡：发光球体

通过制作如图2-40所示的流程效果图，掌握"曲线"与"色彩平衡"命令的应用。

教学视频

图2-40　流程图

案例　重点

- 使用"镜头光晕""凸出"和"极坐标"滤镜制作背景。
- 使用"添加杂色"和"极坐标"滤镜制作图像。
- 调整图像效果并添加图层样式。
- 使用"曲线"命令调整图像。
- 使用"色彩平衡"命令调整图像。

案例　步骤

01 → 执行菜单"文件"/"新建"命令，打开"新建文档"对话框，设置参数，如图2-41所示。

02 → 英文状态下按D键，恢复前景色与背景色，按Alt+Delete键为画布填充前景色，如图2-42所示。

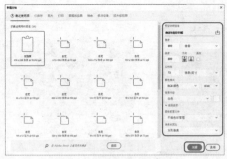

图2-41 新建并设置文档

图2-42 填充颜色

03 → 执行菜单"滤镜"/"渲染"/"镜头光晕"命令，弹出"镜头光晕"对话框，设置参数，如图2-43所示。

04 → 设置完毕，单击"确定"按钮，效果如图2-44所示。

05 → 执行菜单"滤镜"/"风格化"/"凸出"命令，弹出"凸出"对话框，设置参数，如图2-45所示。

图2-43 设置"镜头光晕"参数

图2-44 镜头光晕效果

图2-45 设置"凸出"滤镜参数

06 → 设置完毕，单击"确定"按钮，效果如图2-46所示。

07 → 执行菜单"滤镜"/"扭曲"/"极坐标"命令，打开"极坐标"对话框。选中"平面坐标到极坐标"单选按钮，如图2-47所示。

08 → 设置完毕，单击"确定"按钮，效果如图2-48所示。

09 → 单击"创建新图层"按钮，新建"图层1"图层，将"图层1"图层填充为白色。执行菜单"滤镜"/"杂色"/"添加杂色"命令，弹出"添加杂色"对话框，设置参数，如图2-49所示。

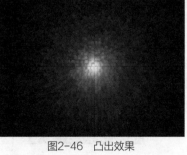

图2-46 凸出效果

图2-47 设置"极坐标"样式

图2-48 极坐标效果

图2-49 设置"添加杂色"参数

10 → 设置完毕，单击"确定"按钮，效果如图2-50所示。

11 → 执行菜单"滤镜"/"扭曲"/"极坐标"命令，弹出"极坐标"对话框。选中"平面坐标到极坐标"单选按钮，如图2-51所示。

12 → 设置完毕，单击"确定"按钮，效果如图2-52所示。

13 → 多次按Alt+Ctrl+F键，重复执行"极坐标"滤镜，效果如图2-53所示。

技巧

在使用"极坐标"滤镜时，需要多配合"历史记录"面板，才能达到满意的效果。

14 → 使用工具箱中的 ○（椭圆选框工具），在画布上绘制圆形选区，执行菜单"选择"/"反选"命令，反向选择选区，按Delete键将选区中的图像删除，如图2-54所示。

15 → 按Ctrl+D键取消选区，将图像调整到合适的大小和位置，如图2-55所示。

16 → 拖曳"图层1"图层至"创建新图层"按钮 回上，复制"图层1"图层，得到"图层1 拷贝"图层，更改"图层1 拷贝"图层名称为"阴影"，并按住Ctrl键，单击"阴影"图层缩览图，调出该图层选区并填充为黑色，如图2-56所示。

17 → 将选区向左上方移动，执行菜单"选择"/"修改"/"羽化"命令，弹出"羽化选区"对话框。设置"羽化半径"为15像素，如图2-57所示。

18 → 设置完毕，单击"确定"按钮，效果如图2-58所示。

19 → 按Delete键将选区中的图像删除，并按Ctrl+D键取消选区，效果如图2-59所示。

图2-50 添加杂色效果

图2-51 设置杂色的"极坐标"样式

图2-52 极坐标效果

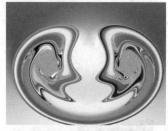

图2-53 多次极坐标效果

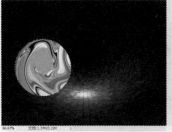

图2-54 删除选区内的图像

图2-55 调整图像的大小和位置

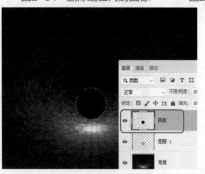

图2-56 填充颜色

图2-57 设置"羽化"参数

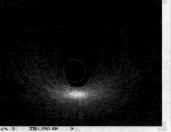

图2-58 羽化选区

图2-59 删除选区内容并取消选区

20 → 复制"图层1"图层,将其名称修改为"高光",将"高光"图层拖曳至"阴影"图层上方,调出该图层的选区并填充为白色,设置该图层的"不透明度"为50%,如图2-60所示。

21 → 单击"图层"面板上的"添加图层蒙版"按钮 ▣,为"高光"图层添加图层蒙版,选择工具箱中的 ▣(渐变工具),设置一个由白色到黑色的渐变,在图层蒙版上按住鼠标左键由左上到右下拖曳填充渐变,图像效果如图2-61所示。

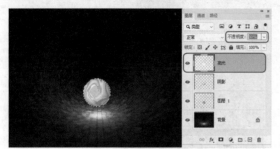

图2-60 设置不透明度

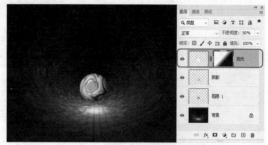

图2-61 添加渐变蒙版

22 → 选中"图层1"图层,执行菜单"图层"/"图层样式"/"外发光"命令,弹出"图层样式"对话框。设置颜色为RGB(225、155、23),如图2-62所示。

23 → 设置完毕,单击"确定"按钮,效果如图2-63所示。

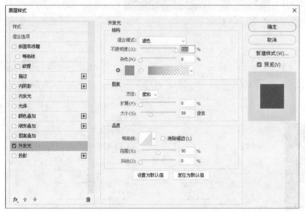

图2-62 设置"外发光"参数

图2-63 添加外发光效果

24 → 复制"图层1"图层,并将其名称修改为"外发光",在"图层"面板中设置"填充"为0%,在"图层"面板上新建图层并与"外发光"图层合并,将相应的图层隐藏,图像效果如图2-64所示。

25 → 执行菜单"滤镜"/"扭曲"/"波纹"命令,打开"波纹"对话框,设置参数,如图2-65所示。

图2-64 设置填充并合并

图2-65 设置"波纹"参数

26 → 设置完毕,单击"确定"按钮,按Alt+Ctrl+F键数次,设置"不透明度"为60%,效果如图2-66所示。

27 → 显示所有图层，选中"图层1"图层，单击"图层"面板上的"创建新的填充或调整图层"按钮 ⊘，在弹出的菜单中选择"色彩平衡"选项，此时弹出"色彩平衡"属性面板，设置参数，如图2-67所示。

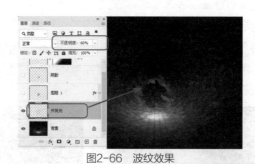

图2-66　波纹效果

图2-67　色彩平衡调整

28 → 调整后的效果，如图2-68所示。

29 → 选中"高光"图层，单击"图层"面板上的"创建新的填充或调整图层"按钮 ⊘，在弹出的菜单中选择"可选颜色"选项，此时弹出"可选颜色"属性面板，设置参数，如图2-69所示。

图2-68　色彩平衡效果

图2-69　可选颜色调整

30 → 调整后的效果，如图2-70所示。

31 → 单击"图层"面板上的"创建新的填充或调整图层"按钮 ⊘，在弹出的菜单中选择"色彩平衡"选项，弹出"色彩平衡"属性面板。选择"阴影"选项，设置参数；选择"中间调"选项，设置参数，如图2-71所示。

图2-70　高光效果

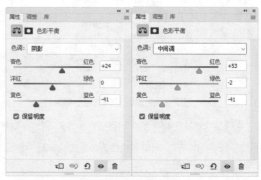

图2-71　色彩平衡调整

32 → 调整后的效果，如图2-72所示。

33 → 单击"图层"面板上的"创建新的填充或调整图层"按钮 ⊘，在弹出的菜单中选择"亮度/对比度"选项，弹出"亮度/对比度"属性面板，设置参数，如图2-73所示。

图2-72　调整色彩平衡的效果

图2-73　亮度/对比度调整

34 → 调整后的效果，如图2-74所示。

③⑤→ 单击"图层"面板上的"创建新的填充或调整图层"按钮 ◯ ，在弹出的菜单中选择"曲线"选项，弹出"曲线"属性面板，设置参数，如图2-75所示。

③⑥→ 调整后，保存文件。至此本例制作完成，效果如图2-76所示。

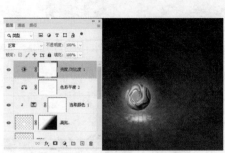
图2-74 调整"亮度/对比度"的效果

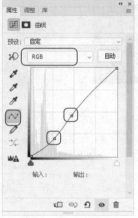
图2-75 曲线调整

图2-76 最终效果

案例16 反相与色阶：增加夜景亮度

教学视频

通过制作如图2-77所示的流程效果图，掌握"反相"和"色阶"命令的应用。

图2-77 流程图

案例 重点

- 使用"反相"菜单命令和"叠加"模式，设置图像亮度。
- 使用"色阶"菜单命令，调整图像亮度。

案例 步骤

①①→ 打开附赠资源中的"素材文件"/"第2章"/"夜景"素材，如图2-78所示。

①②→ 拖曳"背景"图层至"创建新图层"按钮 回 上，复制"背景"图层，得到"背景 拷贝"图层，如图2-79所示。

图2-78　打开素材图片

图2-79　复制图层

03 → 选中"背景 拷贝"图层，执行菜单"图像"/"调整"/"反相"命令，将图像反相，在"图层"面板中设置"背景 拷贝"图层的"混合模式"为"叠加"，效果如图2-80所示。

04 → 执行菜单"图像"/"调整"/"色阶"命令，弹出"色阶"对话框，设置参数，如图2-81所示。

05 → 设置完毕，单击"确定"按钮，保存文件。至此本例制作完成，效果如图2-82所示。

图2-80　反相并设置混合模式

图2-81　设置"色阶"参数

图2-82　最终效果

技巧

在"色阶"对话框中，拖曳滑块改变数值后，可以将较暗的图像变得亮一些。勾选"预览"复选框，可以在调整的同时看到图像的变化。

案例17　渐变映射：单色复古照片

教学视频

通过制作如图2-83所示的流程效果图，掌握"渐变映射"命令的应用。

图2-83　流程图

案例 重点

- 使用"亮度/对比度"菜单命令。
- 使用"渐变映射"菜单命令。

案例 步骤

01 → 打开附赠资源中的"素材文件"/"第2章"/"墙"素材，将其作为背景，如图2-84所示。

02 → 执行菜单"图像"/"调整"/"亮度/对比度"命令，弹出"亮度/对比度"对话框，设置"亮度"为15、"对比度"为45，如图2-85所示。

03 → 设置完毕，单击"确定"按钮，效果如图2-86所示。

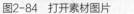

图2-84　打开素材图片　　　　图2-85　设置"亮度/对比度"参数　　　　图2-86　调整效果

04 → 执行菜单"图像"/"调整"/"渐变映射"命令，弹出"渐变映射"对话框，单击渐变预览条，弹出"渐变编辑器"对话框，设置参数，如图2-87所示。

05 → 设置完毕，单击"确定"按钮，保存文件。至此本例制作完成，效果如图2-88所示。

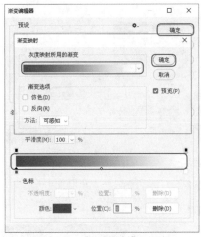

图2-87　"渐变映射"对话框　　　　　　图2-88　最终效果

技巧

　　在"渐变映射"对话框中：勾选"仿色"复选框，用于添加随机杂色，以平滑渐变填充的外观，减少带宽效果；勾选"反向"复选框，用于切换渐变相反的填充方向。

案例18　　阈值：黑白照片

教学视频

通过制作如图2-89所示的效果图，掌握"阈值"命令的应用。

图2-89　效果图

案例　重点

● 使用"阈值"菜单命令，制作图像效果。
● 使用"混合模式"，制作黑白效果。

案例　步骤

01 → 打开附赠资源中的"素材文件"/"第2章"/"蓝天"素材，将其作为背景，如图2-90所示。

02 → 拖曳"背景"图层至"创建新图层"按钮 □ 上，复制"背景"图层，得到"背景 拷贝"图层，如图2-91所示。

03 → 执行菜单"图像"/"调整"/"阈值"命令，弹出"阈值"对话框，设置参数，如图2-92所示。

图2-90　打开素材图片　　　　图2-91　复制背景　　　　图2-92　设置"阈值"参数

04 → 设置完毕，单击"确定"按钮，设置"混合模式"为"色相"，如图2-93所示。

05 → 保存文件。至此本例制作完成，效果如图2-94所示。

图2-93　应用阈值并设置混合模式　　　　　图2-94　最终效果

案例19 通道混合器：增加白色区域亮度

通过制作如图2-95所示的效果图，掌握"通道混合器"命令的应用方法。

教学视频

图2-95 效果图

案例 重点

- 复制图层并使用"通道混合器"菜单命令。
- 设置图层的"混合模式"为"变亮"。

案例 步骤

01 → 打开附赠资源中的"素材文件"/"第2章"/"风景"素材，将其作为背景，如图2-96所示。

02 → 拖曳"背景"图层至"创建新图层"按钮 🖿 上，复制背景图层，得到"背景 拷贝"图层，如图2-97所示。

图2-96 打开素材图片

图2-97 复制图层

技巧

在"背景"图层中按Ctrl+J键，可以快速复制一个图层，只是名称上会按图层顺序进行命名。

03 → 选中"背景 拷贝"图层，执行菜单"图像"/"调整"/"通道混合器"命令，弹出"通道混合器"对话框，设置参数，如图2-98所示。

04 → 设置完毕，单击"确定"按钮，图像效果如图2-99所示。

图2-98 "通道混合器"对话框

图2-99 通道混合器调整效果

技巧

　　在"通道混合器"对话框中，如果先勾选"单色"复选框，再取消，则可以单独修改每个通道的混合，从而创建一种手绘色调外观。

05 → 设置"混合模式"为"变亮"，如图2-100所示。

06 → 保存文件。至此本例制作完成，效果如图2-101所示。

图2-100　设置混合模式

图2-101　最终效果

案例20　　**曝光度：增加明暗对比**

教学视频

　　通过制作如图2-102所示的流程效果图，掌握"曝光度"命令的应用方法。

图2-102　流程图

案例　重点

- 使用"羽化"菜单命令，羽化选区。
- 使用"曝光度"菜单命令，调整图像。

案例　步骤

01 → 打开附赠资源中的"素材文件"/"第2章"/"贝壳"素材，将其作为背景，如图2-103所示。

02 → 选择工具箱中的 █ (对象选择工具)，在贝壳和手的区域绘制矩形后为其创建选区，如图2-104所示。

03 → 执行菜单"选择"/"反向"命令，反向选择选区。执行菜单"选择"/"修改"/"羽化"命令，弹出"羽化选区"对话框。设置"羽化半径"为2像素，如图2-105所示。

图2-103　打开素材图片

图2-104　创建选区

04 → 设置完毕，单击"确定"按钮。执行菜单"图像"/"调整"/"曝光度"命令，弹出"曝光度"对话框，设置参数，如图2-106所示。

05 → 单击"确定"按钮，按Ctrl+D键取消选区，保存文件。至此本例制作完成，效果如图2-107所示。

图2-105　设置"羽化选区"参数

图2-106　设置"曝光度"参数

图2-107　最终效果

本章练习

练习

1. 通过"图像旋转"命令，将图像在竖幅与横幅之间进行变换。
2. 通过"色相/饱和度"命令，改变图像的色调。

习题

1. 打开"色阶"对话框的快捷键是_____。
   A. Ctrl+L　　　　　　B. Ctrl+U　　　　　　C. Ctrl+A　　　　　　D. Shift+Ctrl+L
2. 打开"色相/饱和度"对话框的快捷键是_____。
   A. Ctrl+L　　　　　　B. Ctrl+U　　　　　　C. Ctrl+B　　　　　　D. Shift+Ctrl+U
3. 调整色调的功能有_____。
   A. 色相/饱和度　　　B. 亮度/对比度　　　C. 自然饱和度　　　D. 通道混合器
4. 可以得到底片效果的命令是_____。
   A. 色相/饱和度　　　B. 反相　　　　　　C. 去色　　　　　　D. 色彩平衡

第3章

图像的选取与编辑

本章主要讲解Photoshop的选区操作，内容涉及创建选区的方法，套索工具、魔棒工具的使用方法，以及载入、存储和变换选区等。

案例21 矩形选框工具与移动工具：合成镜像照片

教学视频

通过制作如图3-1所示的流程效果图，掌握"矩形选框工具""移动工具"和"水平翻转"菜单命令的使用方法。

图3-1 流程图

案例 重点

- "移动工具"与"矩形选框工具"的使用。
- "水平翻转"菜单命令的使用。

案例 步骤

01 → 执行菜单"文件"/"打开"命令，打开附赠资源中的"素材文件"/"第3章"/"晨练"素材，如图3-2所示。

02 → 在工具箱中选择▦(矩形选框工具)，在画面上按住鼠标左键向对角处绘制，松开鼠标按键后得到矩形选区，如图3-3所示。

03 → 按Ctrl+C键复制图像，再按Ctrl+V键粘贴图像，在"图层"面板中出现"图层1"图层，如图3-4所示。

04 → 使用 (移动工具)，按住鼠标左键将"图层1"中的图像拖曳至页面的右侧，如图3-5所示。

05 → 执行菜单"编辑"/"变换"/"水平翻转"命令，将"图层1"中的图像水平翻转。至此本例制作完成，效果如图3-6所示。

图3-2　打开素材图片

图3-3　绘制选区

图3-4　复制图层

图3-5　移动图像

图3-6　最终效果

案例22　椭圆选框工具：舞蹈人物抠图

通过制作如图3-7所示的流程效果图，掌握"椭圆选框工具"的应用方法。

教学视频

图3-7　流程图

案例 重点

- 使用 ◯(椭圆选框工具)创建选区。
- 拖曳选区内的图像到背景中。
- 变换移入的图像。
- 裁剪图像。

案例 步骤

01 → 打开附赠资源中的"素材文件"/"第3章"/"桌面壁纸"素材，将其作为背景，如图3-8所示。

02 → 打开附赠资源中的"素材文件"/"第3章"/"芭蕾舞"素材，如图3-9所示。

03 → 选择◯(椭圆选框工具)，设置"羽化"为30像素，在人物上创建椭圆选区，如图3-10所示。

图3-8　打开"桌面壁纸"素材图片

图3-9　打开"芭蕾舞"素材图片

图3-10　创建选区

04 → 在工具箱中选择 ⊹ (移动工具)，拖曳选区中的图像到"桌面壁纸"文件中，得到"图层1"，按Ctrl+T键调出变换框，拖曳控制点，将图像缩小，如图3-11所示。

05 → 按Enter键确定，设置"混合模式"为"强光"，效果如图3-12所示。

图3-11　变换图像

图3-12　设置混合模式

06 → 使用 ☐ (裁剪工具)，在图像中绘制裁剪框，如图3-13所示。

07 → 按Enter键确定，保存文件。至此本例制作完成，效果如图3-14所示。

图3-13　绘制裁剪框

图3-14　最终效果

技巧

　　按住Shift键，在原有选区上绘制选区，可以添加新选区；按住Alt键在原有选区上绘制选区，可以减去相交的部分；按住Alt+Shift键在原有选区上绘制选区，只留下相交的部分。

技巧

　　在使用"矩形选框工具"时，属性栏中的"消除锯齿"复选框将不能使用。在勾选该复选框的情况下，绘制的椭圆选区无锯齿现象，所以在选区中填充颜色或图案时，边缘具有光滑的效果。

案例23　套索工具组：滑板人物抠图

教学视频

通过制作如图3-15所示的流程效果图，掌握"多边形套索工具"和"磁性套索工具"的应用方法。

图3-15　流程图

案例　重点

- "多边形套索工具"和"磁性套索工具"的应用。
- "移动工具"的应用。
- "羽化"命令的使用。
- "变换"命令的使用。

案例　步骤

01 → 执行菜单"文件"/"打开"命令，打开附赠资源中的"素材文件"/"第3章"/"水面"素材，如图3-16所示。

02 → 执行菜单"文件"/"打开"命令，打开附赠资源中的"素材文件"/"第3章"/"水上运动"素材，如图3-17所示。

03 → 选择工具箱中的 ▷.(多边形套索工具)，在属性栏中设置"羽化"为2像素，在"水上运动"素材图像上绘制选区，如图3-18所示。

图3-16　打开"水面"素材图片　　图3-17　打开"水上运动"素材图片　　图3-18　创建选区

04 → 选择 ✛.(移动工具)，将选区内的图像拖曳至"水面"文档中，将新建的图层重命名为"滑板"，如图3-19所示。

05 → 按Ctrl+T键调出变换框，拖曳控制点改变图像的大小，并将其移动到相应的位置，如图3-20所示。

06 → 按Enter键确认，在"图层"面板中将"滑板"图层隐藏，使用工具箱中的 ⬚.(磁性套索工具)沿白色海浪绘制选区，如图3-21所示。

图3-19　移动并重命名

图3-20　变换并移动

图3-21　再次创建选区

技巧

在英文输入法状态下按L键，可以选择"套索工具""多边形套索工具"或"磁性套索工具"；按Shift+L键，可以在它们之间自由转换。

07 → 在"滑板"图层前边方框处单击显示该图层，选择该图层，按Delete键删除选区内容，如图3-22所示。

08 → 按Ctrl+D键取消选区，至此本例制作完成，最终效果如图3-23所示。

图3-22　显示并编辑"滑板"图层

图3-23　最终效果

案例24　魔棒工具：替换相机背景色

通过制作如图3-24所示的效果图，掌握"魔棒工具"的使用技巧。

教学视频

图3-24　效果图

案例 重点

● 设置"魔棒工具"的属性。

● 设置前景色并填充前景色。

● 使用"魔棒工具"在背景上单击调出选区。

案例　步骤

01 → 打开附赠资源中的"素材文件"/"第3章"/"相机"素材，将其作为背景，如图3-25所示。

02 → 选择 🪄(魔棒工具)，在属性栏中设置"容差"为30，勾选"连续"复选框，再使用 🪄 在图像中的白色背景上单击调出选区，如图3-26所示。

03 → 在工具箱中的前景色图标上单击鼠标左键，弹出"拾色器(前景色)"对话框，设置颜色值为RGB(175、213、230)，单击"确定"按钮，按Alt+Delete键填充前景色，如图3-27所示。

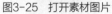
图3-25　打开素材图片

图3-26　设置魔棒并调出选区

04 → 按Ctrl+D键取消选区，至此本例制作完成，最终效果如图3-28所示。

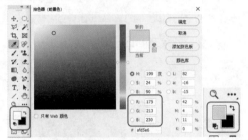
图3-27　设置前景色

图3-28　最终效果

案例25　快速选择工具：更换高楼背景

通过制作如图3-29所示的效果图，掌握"快速选择工具"的应用。

教学视频

图3-29　效果图

案例　重点

- 使用"快速选择工具"创建选区。
- 移入素材并对图像进行变换处理。
- 应用复制与粘贴命令的快捷键。

案例　步骤

01 → 打开附赠资源中的"素材文件"/"第3章"/"大楼"素材，如图3-30所示。

02 → 选择 📷 (快速选择工具)，在属性栏中单击 📷 (添加到选区)按钮，再使用 📷 (快速选择工具)在图像的楼体部位拖曳创建选区，如图3-31所示。

03 → 选区创建完毕后，按Ctrl+C键复制选区内容，再按Ctrl+V键粘贴复制的内容，在"图层"面板中会自动出现"图层1"，如图3-32所示。

图3-30 打开"大楼"素材图片

图3-31 创建选区

图3-32 复制图层

04 → 打开附赠资源中的"素材文件"/"第3章"/"蓝天白云"素材，如图3-33所示。

05 → 使用 ➕ (移动工具)拖曳"蓝天白云"素材图像到"大楼"文档中，得到"图层2"，将其拖曳至"图层1"的下方，按Ctrl+T键调出变换框，拖曳控制点将图像缩小，如图3-34所示。

06 → 按Enter键确定，保存本文件。至此本例制作完成，效果如图3-35所示。

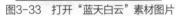
图3-33 打开"蓝天白云"素材图片

图3-34 移动并变换

图3-35 最终效果

案例26 载入选区与存储选区：浮雕特效

通过制作立体文字，掌握"载入选区"和"存储选区"命令的应用方法，如图3-36所示。

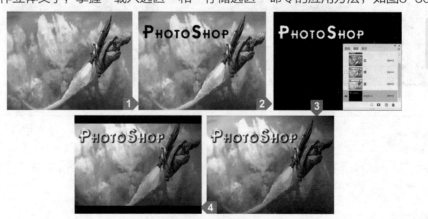

教学视频

图3-36 流程图

案例 ▶ 重点

- "横排文字工具"的应用。
- "载入选区"和"存储选区"的应用。
- "高斯模糊"菜单命令的应用。
- "光照效果"菜单命令的应用。

案例 ▶ 步骤

01 → 执行菜单"文件"/"打开"命令或按Ctrl+O键,打开附赠资源中的"素材文件"/"第3章"/"飞"素材,如图3-37所示。

02 → 选择 **T.** (横排文字工具),设置合适的文字字体及文字大小,在画布中单击输入文字,如图3-38所示。

03 → 执行菜单"选择"/"载入选区"命令,弹出"载入选区"对话框,设置参数,如图3-39所示。

04 → 设置完毕,单击"确定"按钮,选区被载入,效果如图3-40所示。

图3-37 打开素材图片　　图3-38 设置和输入文字　　图3-39 设置载入选区及参数　　图3-40 载入选区

提 示

　　在"载入选区"对话框中,当被存储的选区多于一个时,"操作"选项组中的其他选项才会被激活。

05 → 执行菜单"选择"/"存储选区"命令,弹出"存储选区"对话框,设置参数,如图3-41所示。

06 → 设置完毕,单击"确定"按钮,执行菜单"窗口"/"通道"命令,弹出"通道"面板,选择新建的Alpha 1,如图3-42所示。

07 → 按Ctrl+D键取消选区,执行菜单"滤镜"/"模糊"/"高斯模糊"命令,弹出"高斯模糊"对话框,设置"半径"为2像素,如图3-43所示。

08 → 设置完毕,单击"确定"按钮,执行菜单"窗口"/"图层"命令,弹出"图层"面板,隐藏"文字"图层,选择"背景"图层,如图3-44所示。

图3-41 "存储选区"对话框　　图3-42 选择通道　　图3-43 设置像素　　图3-44 隐藏和选择图层

09→ 执行菜单"滤镜"/"渲染"/"光照效果"命令，弹出"光照效果"属性面板，设置参数，如图3-45所示。

10→ 设置完毕，单击"确定"按钮，效果如图3-46所示。

11→ 使用 (矩形选框工具)在画布中绘制两个矩形选区，并填充为"黑色"，按Ctrl+D键取消选区，最终效果如图3-47所示。

图3-45 设置"光照效果"参数

图3-46 光照效果

图3-47 最终效果

技巧

如果想让图像在应用"光照效果"菜单命令后产生立体凸出的效果，切记要勾选"白色部分凸出"复选框。

案例27 边界：添加照片边框

教学视频

通过制作如图3-48所示的流程效果图，掌握"边界"命令的应用技巧。

图3-48 流程图

案例 重点

- "水彩画纸"对话框的应用。
- "边界"命令调整选区的应用。
- 设置"图层样式"的方法。

案例 **步骤**

01 → 执行菜单"文件"/"打开"命令,打开附赠资源中的"素材文件"/"第3章"/"宠物犬"素材,如图3-49所示。

02 → 执行菜单"滤镜"/"滤镜库"命令,在对话框中选择"素描"/"水彩画纸",弹出"水彩画纸"对话框,设置参数,如图3-50所示。

图3-49 打开素材图片 　　　　　图3-50 设置"水彩画纸"参数

03 → 设置完成,单击"确定"按钮,效果如图3-51所示。

04 → 新建一个图层并将其重命名为"边框",使用 ▣(矩形选框工具)在画布上绘制一个矩形选区,如图3-52所示。

05 → 执行菜单"选择"/"修改"/"边界"命令,弹出"边界选区"对话框,设置"宽度"为40像素,单击"确定"按钮,效果如图3-53所示。

图3-51 水彩画纸效果 　　　　　图3-52 绘制选区 　　　　　图3-53 设置边界

06 → 在工具箱中,设置"前景色"的颜色值为RGB(0、0、0),按Alt+Delete键填充前景色,效果如图3-54所示。

07 → 按Ctrl+D键取消选区,执行菜单"图层"/"图层样式"/"斜面和浮雕"命令,弹出"图层样式"对话框,设置参数,如图3-55所示。

08 → 设置完毕,单击"确定"按钮,最终效果如图3-56所示。

图3-54　填充前景色

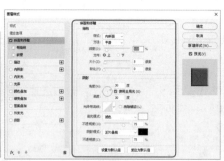
图3-55　设置图层样式

图3-56　最终效果

案例28　天空替换：更换古堡天空背景

通过为素材更换天空背景，掌握"天空替换"命令的应用，如图3-57所示。

教学视频

图3-57　流程图

案例　重点

- "天空替换"命令的使用。

案例　步骤

01 → 执行菜单"文件"/"打开"命令，打开附赠资源中的"素材文件"/"第3章"/"夜景"素材，如图3-58所示。

02 → 执行菜单"编辑"/"天空替换"命令，弹出"天空替换"对话框，如图3-59所示。

03 → 在"天空"下拉列表中，选择"日落"选项中一个天空图片样式，如图3-60所示。

04 → 使用 ⊕ (移动工具)在文档中移动图片的位置，将"缩放"设置为148，如图3-61所示。

图3-58　打开素材图片　　图3-59　"天空替换"对话框

05 → 调整完毕后，使用 ✏(画笔工具)在未替换的区域进行涂抹，效果如图3-62所示。

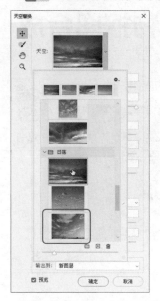

图3-60 设置"天空"

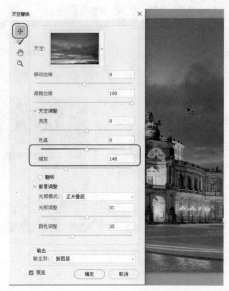

图3-61 移动并缩放图片

图3-62 涂抹未替换区域

06 → 设置完毕，单击"确定"按钮，完成本例的制作，效果如图3-63所示。

图3-63 最终效果

案例29 对象选择工具：人物抠图合成

通过制作如图3-64所示的流程效果图，掌握"对象选择工具"的应用方法。

教学视频

图3-64　流程图

案例　重点

- "对象选择工具"的应用。
- 图层"混合模式"的应用。

案例　步骤

01 → 执行菜单"文件"/"打开"命令，打开附赠资源中的"素材文件"/"第3章"/"跳跃"素材，如图3-65所示。

02 → 使用 ▣(对象选择工具)，在素材中的人物上绘制一个矩形选区，系统会自动根据人物的外形创建选区，如图3-66所示。

图3-65　打开素材图片

图3-66　创建选区

03 → 执行菜单"文件"/"打开"命令，打开附赠资源中的"素材文件"/"第3章"/"月亮"素材。使用 ✛(移动工具)，将选区内的"人物"拖曳至"月亮"文档中，设置"混合模式"为"柔光"。至此本例制作完成，效果如图3-67所示。

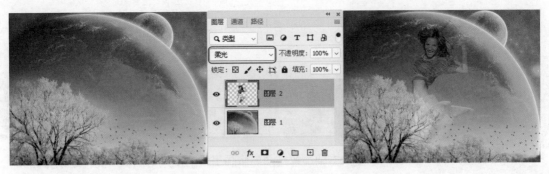

图3-67 最终效果

本章主要讲解Photoshop中创建选区工具的使用方法，如选框工具、套索工具、魔棒工具等，并介绍如何对选区进行操作，如载入、存储或变换选区等。

本章练习

练习

使用"快速选择工具"创建图像的选区。

习题

1. 对选区进行反选的快捷键是_____。

   A. Ctrl+A   B. Ctrl+Shift+I   C. Alt+Ctrl+R   D. Ctrl+ I

2. 调出"调整边缘"对话框的快捷键是_____。

   A. Ctrl+U   B. Ctrl+Shift+I   C. Alt+Ctrl+R   D. Ctrl+E

3. 剪切的快捷键是_____。

   A. Ctrl+A   B. Ctrl+C   C. Ctrl+V   D. Ctrl+X

4. 使用_____命令可以选择现有选区或整个图像内指定的颜色或颜色子集。

   A. 色彩平衡   B. 色彩范围   C. 可选颜色   D. 调整边缘

5. 使用_____可以选择图像中颜色相似的区域。

   A. 移动工具   B. 魔棒工具   C. 快速选择工具   D. 套索工具

第4章 绘图与修图

本章主要讲解绘图与修图工具的使用方法，从而帮助读者更加容易地使用Photoshop进行绘图和修图。绘图指的是从无到有，修图指的是将图像按照个人意愿进行调整与校正。

案例30 画笔工具：飘落的枫叶

教学视频

通过制作如图4-1所示的流程效果图，掌握"画笔工具"的应用方法。

图4-1 流程图

案例 重点

- "画笔工具"的使用。
- 创建新图层的方法。
- "混合模式"中"强光"的应用。

案例 步骤

01 → 执行菜单"文件"/"打开"命令或按Ctrl+O键，打开附赠资源中的"素材文件"/"第4章"/"风景"素材，如图4-2所示。

02 → 在工具箱中，选择 ✐(画笔工具)，在属性栏中单击"画笔选项"按钮，在打开的选项面板中选择笔尖为"散布枫叶"，如图4-3所示。

03 → 在工具箱中，设置"前景色"为橙色，在"图层"面板中单击"创建新图层"按钮 ◻，新建一个图层并将其命名为"枫叶"，如图4-4所示。

图4-2 打开素材图片　　　　　图4-3 画笔选项　　　　　　图4-4 命名图层

04 → 使用 📝(画笔工具)，调整"画笔大小"，用画笔进行涂抹，效果如图4-5所示。

05 → 在"图层"面板中，设置"枫叶"图层的"混合模式"为"强光"，如图4-6所示。

06 → 至此本例制作完成，效果如图4-7所示。

技巧

在英文输入法状态下按B键，可以选择"画笔工具""铅笔工具""颜色替换工具"和"混合器画笔工具"；按Shift+B键，可以在它们之间进行切换。

图4-5 画笔涂抹效果　　　　图4-6 设置混合模式　　　　图4-7 最终效果

技巧

在英文输入法状态下按键盘上的数字键，可以快速改变画笔的不透明度。1代表不透明度为10%，0代表不透明度为100%。按F5键，可以打开"画笔"面板。

案例31　颜色替换工具：绿叶变红叶

通过制作如图4-8所示的改变树叶颜色的流程效果图，掌握"颜色替换工具"的使用方法。

教学视频

图4-8 流程图

案例 重点

- "颜色替换工具"的使用。

- 设置"背景色"为替换颜色。

案例 步骤

01 → 执行菜单"文件"/"打开"命令，打开附赠资源中的"素材文件"/"第4章"/"叶子"素材，如图4-9所示。

02 → 选择工具箱中的 ✎（颜色替换工具），在属性栏中设置"模式"为"颜色"，单击"取样：背景色板"按钮 ✎，设置"限制"为"不连续"、"容差"为59%，如图4-10所示。

图4-9 打开素材图片　　　　　　　　　　　图4-10 设置属性栏

03 → 在工具箱中，设置"前景色"为红色，单击"背景色"图标，弹出"拾色器(背景色)"对话框，使用"颜色选择器"单击树叶的绿色部位，如图4-11所示。

04 → 拾取该部分的颜色后，"拾色器(背景色)"对话框如图4-12所示。

05 → 设置完毕，单击"确定"按钮，使用"颜色替换工具"在树叶的上半部分进行涂抹，将颜色变成红色，如图4-13所示。

06 → 将整个树叶进行涂抹，完成本例的制作，效果如图4-14所示。

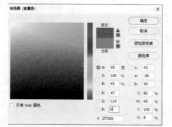

图4-11 选取颜色　　图4-12 "拾色器(背景色)"对话框　　图4-13 替换颜色　　图4-14 最终效果

提示

在使用"颜色替换工具"替换颜色时，纯白色的图像不能进行颜色替换。

案例32 混合器画笔工具：增强照片效果

通过制作如图4-15所示的效果图，掌握"混合器画笔工具"的应用技巧。

教学视频

图4-15 效果图

● 设置"混合器画笔工具"的属性。　　　　　● 使用"混合器画笔工具"涂抹图像。

01 → 打开附赠资源中的"素材文件"/"第4章"/"船"素材,将其作为背景,如图4-16所示。

02 → 选择 ✔(混合器画笔工具),在属性栏中单击"每次描边时载入画笔"和"每次描边时清除画笔"按钮,在"有用的混合画笔组合"下拉列表中选择"湿润,深混合"选项,其他参数采用默认值,如图4-17所示。

图4-16 打开素材图片　　　　　　　　　　　　图4-17 设置属性

03 → 选择 ✔(混合器画笔工具),在"画笔选项"面板中选择"干画笔"笔尖,如图4-18所示。

04 → 新建"图层1",在属性栏中选中"对所有图层取样"复选框,如图4-19所示。

图4-18 选择画笔　　　　　　　　　　　　图4-19 新建图层

05 → 使用 ✔(混合器画笔工具),在图像中进行涂抹(涂抹时尽量调整画笔大小),效果如图4-20所示。

06 → 再使用 ✔(混合器画笔工具),在整个画面中进行涂抹。至此本例制作完成,效果如图4-21所示。

图4-20 涂抹图像　　　　　　　　　　　　图4-21 最终效果

案例33 仿制图章工具：卡通小动物

通过制作如图4-22所示的卡通动物流程效果图，掌握"仿制图章工具"的应用方法。

教学视频

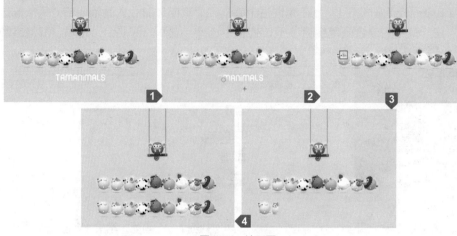

图4-22　流程图

案例 **重点**

- 设置"仿制图章工具"的属性。
- 使用"仿制图章工具"修改图像。

案例 **步骤**

01 → 执行菜单"文件"/"打开"命令或按Ctrl+O键，打开附赠资源中的"素材文件"/"第4章"/"卡通小动物"素材，如图4-23所示。

02 → 选择工具箱中的 ▲(仿制图章工具)，设置画笔"大小"为50像素、"硬度"为0%、"不透明度"为100%、"流量"为100%，勾选"对齐"复选框，如图4-24所示。

图4-23　打开素材图片

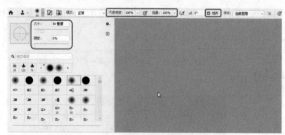

图4-24　设置属性

提示

在属性栏中勾选"对齐"复选框，只能修复一个固定位置的图像；反之，可以连续修复多个相同区域的图像。

提示

　　在属性栏中的"样本"下拉列表中,选择"当前图层"选项,只对当前图层取样;选择"所有图层"选项,可以在所有可见图层上取样;选择"当前和下方图层"选项,可以在当前和下方所有图层中取样,默认为"当前图层"选项。

03 → 按住Alt键,在图像相应的位置单击鼠标左键,选取图章点,如图4-25所示。

04 → 松开Alt键,在图像上有文字的地方进行涂抹,如图4-26所示。

05 → 在整个文字上涂抹,将文字覆盖,效果如图4-27所示。

图4-25　选取图章点

图4-26　涂抹文字

图4-27　覆盖文字

06 → 按住Alt键,在卡通动物上单击鼠标左键,进行取样,如图4-28所示。

07 → 在图像空白处涂抹,将卡通动物覆盖在空白处,效果如图4-29所示。

08 → 上下对照将整个卡通动物图像覆盖到空白处。至此本例制作完成,效果如图4-30所示。

图4-28　取样

图4-29　仿制

图4-30　最终效果

案例34　图案图章工具:图案背景

教学视频

　　通过制作如图4-31所示的背景图案流程效果图,掌握"图案图章工具"的应用技巧。

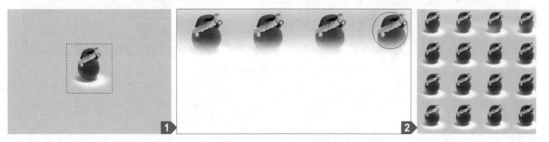
图4-31　流程图

案例 **重点**

● "图案图章工具"的应用。　　　　　　　　　● 自定义图案的使用。

案例 **步骤**

01 → 执行菜单"文件"/"打开"命令或按Ctrl+O键，打开附赠资源中的"素材文件"/"第4章"/"小图"素材，如图4-32所示。

02 → 执行菜单"文件"/"新建"命令或按Ctrl+N键，弹出"新建文档"对话框，设置文件的"名称"为"图案"、"宽度"为600像素、"高度"为600像素、"分辨率"为72像素/英寸，在"颜色模式"中选择"RGB颜色"，选择"背景内容"为"白色"，如图4-33所示。

图4-32　打开素材图片

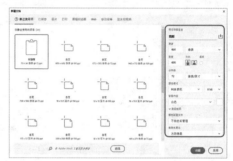

图4-33　新建并设置文档

03 → 设置完毕，单击"创建"按钮，此时系统会新建一个白色背景的空白文档。切换到刚刚打开的素材文件中，使用工具箱中的 (矩形选框工具)，在页面中绘制矩形选区，如图4-34所示。

04 → 执行菜单"编辑"/"定义图案"命令，弹出"图案名称"对话框，设置"名称"为"图案1"，如图4-35所示。

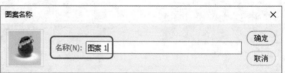

图4-34　绘制选区

图4-35　设置图案名称

05 → 设置完毕，单击"确定"按钮，切换到刚刚新建的"图案"文件中，选择工具箱中的 (图案图章工具)，在属性栏中设置参数，如图4-36所示。

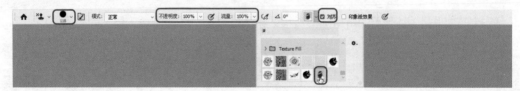

图4-36　设置图案参数

技巧

在属性栏中勾选"印象派效果"复选框，可以使复制的图像效果类似于印象派艺术画效果。

06 → 在"图案"文件的空白处按住鼠标左键拖曳,将图案覆盖到白色背景上,如图4-37所示。

07 → 在整个背景中涂抹,完成图像的制作,效果如图4-38所示。

图4-37 复制图案　　　　图4-38 最终效果

案例35　历史记录画笔工具:红嘴唇

教学视频

通过制作如图4-39所示的流程效果图,掌握"历史记录画笔工具"的应用方法。

图4-39 流程图

案例　重点

● "去色"命令的使用。
● 使用"历史记录画笔工具"恢复颜色。
● 设置"历史记录画笔工具"的属性。

案例　步骤

01 → 执行菜单"文件"/"打开"命令或按Ctrl+O键,打开附赠资源中的"素材文件"/"第4章"/"mote"素材,如图4-40所示。

02 → 执行菜单"图像"/"调整"/"去色"命令或按Shift+Ctrl+U键,将图像去色,效果如图4-41所示。

03 → 选择工具箱中的 (历史记录画笔工具),在属性栏中设置如图4-42所示的参数。

图4-40 打开素材图片　　图4-41 图像去色　　　　图4-42 设置属性

04 → 在人物的嘴部,使用 (历史记录画笔工具)进行涂抹,如图4-43所示。

05 → 调整合适的笔尖大小,将整个嘴部涂抹。至此本例制作完成,效果如图4-44所示。

图4-43　涂抹嘴部　　　　图4-44　最终效果

技巧

　　使用 ✎(历史记录画笔工具)时，如果已经操作了多步，可以在"历史记录"面板中找到需要恢复的步骤，再使用"历史记录画笔工具"对这一步进行复原。

案例36　修复画笔工具：清除手臂文身

通过制作如图4-45所示的流程效果图，掌握"修复画笔工具"的应用方法。

教学视频

图4-45　流程图

案例　重点

- 设置"修复画笔工具"的属性。
- 使用"修复画笔工具"去除图像中人物的文身。

案例　步骤

01 → 执行菜单"文件"/"打开"命令，打开附赠资源中的"素材文件"/"第4章"/"文身"素材，如图4-46所示。

02 → 选择工具箱中的 ✎(修复画笔工具)，设置画笔"大小"为19像素、"硬度"为100%、"间距"为25%、"角度"为0°、"圆度"为100%、"模式"为"正常"，选中"取样"按钮，在页面相应位置按住Alt键并单击鼠标左键，选取取样点，如图4-47所示。

图4-46　打开素材图片

图4-47　设置参数并取样

技巧

在属性栏中，选中"取样"按钮，在图像中必须按住Alt键才能采集样本；选中"图案"按钮，可以在右侧的下拉列表中选择图案来修复图像。

03 → 选取取样点后松开Alt键，在图像中有文身的地方进行涂抹，效果如图4-48所示。

04 → 反复选取取样点后，将整个文身去除，效果如图4-49所示。

05 → 整个文身修复完成，效果如图4-50所示。

图4-48 涂抹图像　　　　　　　图4-49 多次修复　　　　　　　图4-50 最终效果

技巧

在使用 ✐ (修复画笔工具)修复图像时，画笔的大小和硬度是非常重要的，硬度越小，边缘的羽化效果越明显。

案例37 污点修复画笔工具：清除照片污渍

通过制作如图4-51所示的流程效果图，掌握"污点修复画笔工具"的使用方法。

教学视频

图4-51 流程图

案例　重点

- 设置"污点修复画笔工具"的属性。
- 使用"污点修复画笔工具"去除污点。

案例　步骤

01 → 执行菜单"文件"/"打开"命令，打开附赠资源中的"素材文件"/"第4章"/"花环"素材，如图4-52所示。

02 → 选择工具箱中的 (污点修复画笔工具），设置画笔"大小"为20像素、"硬度"为37%、"间距"为25%、"角度"为0°、"圆度"为100%、"模式"为"正常"、"类型"为"内容识别"，如图4-53所示。

图4-52 打开素材图片

图4-53 设置属性

03 → 在图像上有污点的地方进行涂抹，如图4-54所示。

04 → 松开鼠标按键后，此处污点就会被去除，如图4-55所示。

05 → 在有污点的地方反复涂抹，直到去除污渍为止，效果如图4-56所示。

图4-54 涂抹图像

图4-55 去除污点

图4-56 最终效果

提示

使用"污点修复画笔工具"去除图像上的污点时，画笔的大小是非常重要的，稍微大一点就会将边缘没有污点的图像也添加到其中。

案例38 修补工具：清除人物面部斑点

通过制作如图4-57所示的效果图，掌握"修补工具"的应用技巧。

图4-57 效果图

教学视频

案例 **重点**

● 设置"修补工具"的属性。　　　　　● 使用"修补工具"修补斑点。

案例 **步骤**

01 → 打开附赠资源中的"素材文件"/"第4章"/"表情"素材，将其作为背景，如图4-58所示。

02 → 选择 ◎ (修补工具)，在属性栏中设置"修补"为"内容识别"，再使用 ◎ (修补工具)在斑点的位置创建选区，如图4-59所示。

03 → 使用 ◎ (修补工具)，直接拖曳刚才创建的选区到没有斑点的区域上，效果如图4-60所示。

04 → 使用同样的方法修补面部的其他斑点。至此本例制作完成，效果如图4-61所示。

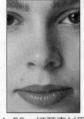

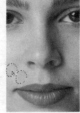

图4-58　打开素材图片　　　图4-59　设置修补工具　　　图4-60　拖曳选区　　　图4-61　最终效果

技巧

(1) 使用"修补工具"时，在属性栏中选中"内容识别"修补，可以将选区内的图像移动到目标图像上，二者将会融合在一起，达到修复图像的效果。

(2) 使用"修补工具"时，在属性栏中设置"结构"文本框，修复后的图像采集点在前面会出现融合效果。

(3) 使用"修补工具"时，在属性栏中选中"正常"修补，将会用采集来的图像替换当前选区内的图像。

(4) 使用"修补工具"绘制选区后，"颜色"文本框中的数字，用来调整可修改源色彩的程度。

(5) 在英文输入法状态下按J键，可以选择"修复画笔工具"或"修补工具"；按Shift+J键，可以在它们之间进行切换。

案例39 **红眼工具：修复红眼效果**

教学视频

通过制作如图4-62所示的效果图，掌握"红眼工具"的应用技巧。

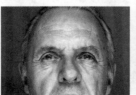

图4-62　效果图

案例 重点

- 设置 +⊙.(红眼工具)的属性。
- 使用 +⊙.(红眼工具)去除红眼效果。

案例 步骤

01 → 打开附赠资源中的"素材文件"/"第4章"/"红眼照片"素材，将其作为背景，如图4-63所示。

02 → 选择 +⊙.(红眼工具)，在属性栏中设置"瞳孔大小"为50%、"变暗量"为10%，再使用 +⊙.(红眼工具)在红眼睛上单击，如图4-64所示。

03 → 释放鼠标后，系统会自动按照属性设置对红眼睛进行清除。使用同样的方法为另一只眼睛去掉红眼。至此本例制作完成，效果如图4-65所示。

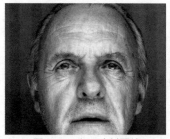 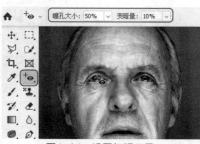 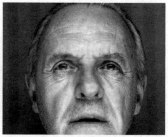

图4-63 打开素材图片　　　　图4-64 设置红眼工具　　　　图4-65 最终效果

技巧

在处理不同大小照片的红眼效果时，可按照片的要求设置"瞳孔大小"和"变暗量"，再在红眼处单击。

案例40　减淡工具：面部美白

教学视频

通过制作如图4-66
所示的效果图，掌握
"减淡工具"的应用。

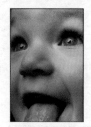 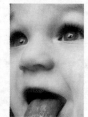

图4-66 效果图

案例 重点

- 设置 🔍.(减淡工具)的属性。
- 使用 🔍.(减淡工具)对人物面部进行减淡处理。

01 → 打开附赠资源中的"素材文件"/"第4章"/"孩子"素材，将其作为背景，如图4-67所示。

02 → 选择 📌(减淡工具)，在属性栏中设置"大小"为100像素、"硬度"为0%、"范围"为"中间调"、"曝光度"为20%、勾选"保护色调"复选框，再使用 📌(减淡工具)在人物面部进行反复涂抹，效果如图4-68所示。

03 → 再设置"大小"为200像素，其他参数不变，使用 📌(减淡工具)在人物面部进行反复涂抹，效果如图4-69所示。

04 → 整个画面涂抹完成，得到最终效果，如图4-70所示。

 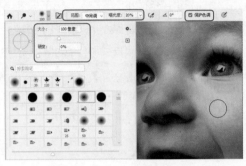 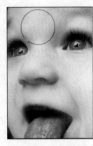 

图4-67　打开素材图片　　　　图4-68　设置工具并涂抹画面　　　　图4-69　再次涂抹　图4-70　最终效果

本章主要介绍了Photoshop的绘图与修图的工具，以及各工具在实践中的应用。在Photoshop中绘图指的是通过相应的工具在文档中重新创建图像，被绘制的图像之前是不存在的；修图指的是在原来图像的基础上对其进行加工和修正，将瑕疵部位修复。

本章练习

练习

使用"海绵工具"对素材局部进行去色处理。

习题

1. _____绘制的线条较硬。

   A. 铅笔工具　　　　　B. 画笔工具　　　　　C. 颜色替换工具　　　　　D. 图案图章工具

2. 减淡工具和_____是基于调节照片特定区域的曝光度的传统摄影技术，可用于使图像区域变亮或变暗。

   A. 渐变工具　　　　　B. 加深工具　　　　　C. 锐化工具　　　　　D. 海绵工具

3. 自定义的图案可用于_____。

   A. 油漆桶工具　　　B. 修补工具　　　　　C. 图案图章工具　　　　D. 画笔工具

第5章 填充与擦除

填充与擦除

Photoshop的填充指的是在被编辑的文档中，可以对整体或局部使用单色、多色或复杂的图像进行覆盖；而擦除正好相反，指的是将图像的整体或局部进行清除。本章主要介绍关于Photoshop填充与擦除方面的知识。

案例41   填充：夜景插画

教学视频

通过制作如图5-1所示的流程效果图，掌握"填充"命令的应用方法。

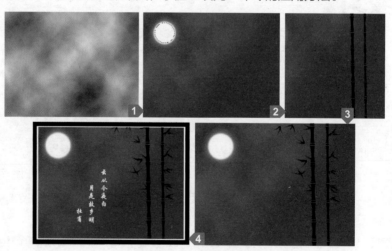

图5-1　流程图

案例 重点

- 设置前景色。
- 使用"云彩"滤镜。
- 使用"填充"命令。
- "画笔"画板的应用。

案例 **步骤**

01 → 执行菜单"文件"/"新建"命令或按Ctrl+N键，弹出"新建文档"对话框，设置参数，如图5-2所示。

02 → 在工具箱中单击"前景色"图标，弹出"拾色器(前景色)"对话框，将"前景色"设置为RGB(5、5、138)，如图5-3所示。

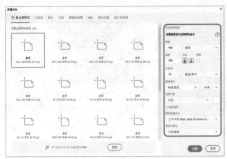

图5-2 新建并设置文档　　　　　　　　　　　　图5-3 设置前景色

03 → 设置完毕，单击"确定"按钮，执行菜单"编辑"/"填充"命令，弹出"填充"对话框，在"内容"下拉列表中选择"前景色"选项，单击"确定"按钮，如图5-4所示。

04 → 此时"背景"图层被填充为蓝色，如图5-5所示。

技巧

在填充颜色时，按Alt+Delete键，可以填充前景色；按Ctrl+Delete键，可以填充背景色。

图5-4 设置填充前景色　　　图5-5 填充效果

05 → 单击"图层"面板中的"创建新图层"按钮 ，新建一个图层并将其命名为"云彩"，如图5-6所示。

06 → 单击工具箱中的"默认前景色和背景色"按钮 ，再执行菜单"滤镜"/"渲染"/"云彩"命令，效果如图5-7所示。

07 → 将"前景色"设置为白色，"背景色"设置为黑色，单击"图层"面板中的"添加图层蒙版"按钮 ，为图层添加蒙版，选择 (渐变工具)，在属性栏中选择"线性渐变"和"前景色到背景色渐变"，如图5-8所示。

图5-6 新建图层并命名　　　图5-7 云彩效果　　　　　图5-8 设置渐变

08 → 使用"渐变工具"在图层蒙版中从左上角到右下角拖曳鼠标绘制渐变蒙版，再设置"不透明度"为37%，效果如图5-9所示。

09 → 新建一个图层并命名为"月亮"。选择 ◯ (椭圆选框工具)，设置"羽化"为2像素，按住Shift键绘制圆形选区，按Alt+Delete键填充前景色，效果如图5-10所示。

10 → 拖曳"月亮"图层到"创建新图层"按钮 回 上，得到"月亮 拷贝"图层，将"月亮 拷贝"图层拖曳至"月亮"图层下方，执行菜单"选择"/"修改"/"羽化"命令，弹出"羽化选区"对话框，设置"羽化半径"为10像素，如图5-11所示。

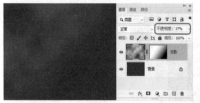
图5-9 填充渐变蒙版并设置不透明度

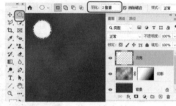
图5-10 填充效果

图5-11 设置羽化选区

11 → 设置完毕，单击"确定"按钮，按Alt+Delete键填充前景色，效果如图5-12所示。

12 → 将"前景色"设置为黑色，新建一个图层并命名为"竹子"。使用 ▣ (矩形选框工具)，在页面中绘制矩形选区并填充为"黑色"，再使用 ◯ (椭圆选框工具)，在矩形上绘制椭圆选区并按Delete键清除选区，效果如图5-13所示。

13 → 使用 ◯ (椭圆选框工具)，绘制选区后填充黑色，绘制竹节部位，使用同样的方法绘制整根竹子，如图5-14所示。

图5-12 填充效果

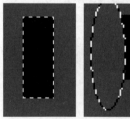
图5-13 绘制竹子

图5-14 绘制整根竹子

14 → 绘制竹叶，选择工具箱中的 ✐ (画笔工具)，按F5键打开"画笔"面板，设置参数，如图5-15所示。

15 → 在页面中绘制大小不等的竹叶，效果如图5-16所示。

16 → 新建一个图层，命名为"描边"，执行菜单"选择"/"全部"命令或按Ctrl+A键，再执行菜单"编辑"/"描边"命令，弹出"描边"对话框，设置参数，如图5-17所示。

图5-15 设置画笔参数

图5-16 绘制竹叶

图5-17 设置"描边"参数

17 → 设置完毕，单击"确定"按钮，描边后的效果如图5-18所示。

18 → 按住Ctrl键单击"描边"图层的缩略图，调出选区，复制"描边"图层，得到"描边 拷贝"图层，并将选区填充为"白色"。再执行菜单"编辑"/"变换"/"缩放"命令，调出变换框，将图像缩小，按Enter键确定，效果如图5-19所示。

19 → 执行菜单"选择"/"取消选区"命令，取消选区。使用 **⊥T**(直排文字工具)，在页面中输入相应的文字，完成本例效果的制作，如图5-20所示。

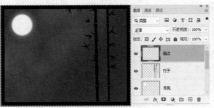

图5-18　描边效果

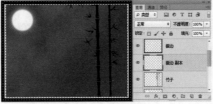

图5-19　缩小图像

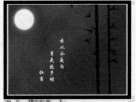

图5-20　最终效果

案例42　填充图案：合成图案照片

教学视频

通过制作如图5-21所示的流程效果图，掌握"填充图案"的方法。

图5-21　流程图

案例 重点

● "填充"对话框的设置。　● 图层"混合模式"的设置。

案例 步骤

01 → 执行菜单"文件"/"新建"命令或按Ctrl+N键，弹出"新建文档"对话框，将其命名为"填充图案"，其他设置如图5-22所示。

02 → 执行菜单"编辑"/"填充"命令，弹出"填充"对话框，在"内容"下拉列表中选择"图案"选项，单击"自定图案"右侧的三角

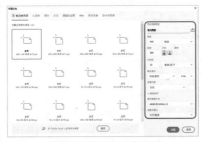
图5-22　新建并设置文档

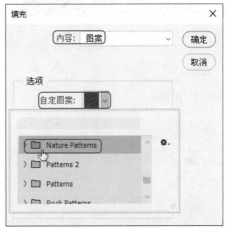
图5-23　选择填充内容

形按钮 ，在弹出的下拉列表中选择Nature Patterns选项，如图5-23所示。

03 → 单击Nature Patterns选项左侧的三角形按钮，展开图案内容，在"自定图案"中选择要填充的图案，如图5-24所示。

04 → 设置完毕，单击"确定"按钮，图案填充效果如图5-25所示。

图5-24　选择填充图案　　　　图5-25　填充效果

05 → 执行菜单"文件"/"打开"命令，打开附赠资源中的"素材"/"第5章"/"勺"素材，如图5-26所示。

06 → 使用 ⊕(移动工具)，拖曳素材图像到"图案填充"文档中，并将新建的图层命名为"相片"，"混合模式"设置为"点光"，如图5-27所示。

07 → 至此本例制作完成，效果如图5-28所示。

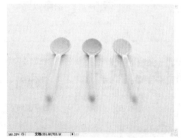

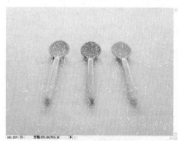

图5-26　打开素材图片　　　图5-27　命名并设置图层　　　图5-28　最终效果

案例43　内容识别填充：清除多余花盆

通过制作如图5-29所示的流程效果图，掌握"内容识别填充"命令的使用方法。

教学视频

图5-29　流程图

案例　重点

● 创建选区。　　　　　　　　　　　　● 设置"内容识别填充"对话框。

案例　步骤

01 → 执行菜单"文件"/"打开"命令或按Ctrl+O键，打开附赠资源中的"素材"/"第5章"/"种花"素材，效果如图5-30所示。

02 → 使用 ○(椭圆选框工具)，在花盆处创建一个椭圆选区，如图5-31所示。

03 → 执行菜单"编辑"/"内容识别填充"命令，弹出"内容识别填充"对话框，设置参数，如图5-32所示。

图5-30 打开素材图片　　　　　图5-31 创建选区　　　　图5-32 设置"内容识别填充"参数

04 → 设置完毕，单击"确定"按钮，按Ctrl+D键取消选区，效果如图5-33所示。

图5-33 最终效果

案例44　渐变工具：彩虹背景效果

教学视频

通过制作如图5-34所示的流程效果图，掌握"渐变工具"的使用方法。

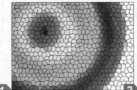

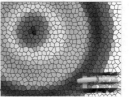

图5-34 流程图

案例　重点

- "渐变工具"的使用。
- "染色玻璃"命令和"文字"命令的应用。
- "动感模糊"命令和"阈值"命令的应用。
- "混合模式"中"正片叠底"的应用。

案例　步骤

01 → 执行菜单"文件"/"新建"命令或按Ctrl+N键，弹出"新建文档"对话框，设置如图5-35所示。

02 → 单击"确定"按钮后，系统会新建一个背景为白色的空白文档，选择工具箱中的■(渐变工具)，设置"渐变样式"为"径向渐变"，"渐变类型"为Transparent Rainbow，如图5-36所示。

03 → 使用 (渐变工具)，在新建的白色页面中按住鼠标左键从左上角向右下角拖曳，松开鼠标后页面就被填充为径向的透明彩虹效果，如图5-37所示。

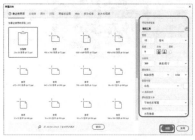

图5-35 新建并设置文档　　　　　　图5-36 设置渐变　　　　　　　图5-37 绘制渐变

04 → 执行菜单"滤镜"/"滤镜库"命令，在"滤镜库"中选择"纹理"/"染色玻璃"选项，弹出"染色玻璃"对话框，设置参数，如图5-38所示。

技巧

　　 (渐变工具)不能用于位图、索引颜色模式的图像。执行渐变操作时，在图像中或选区内按住鼠标左键单击起点，然后拖曳鼠标指针确定终点，松开鼠标即可。若要限制方向(45°的倍数)，在拖曳时按住Shift键即可。

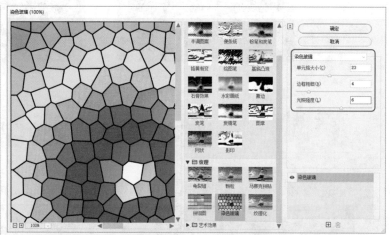

图5-38 设置"染色玻璃"参数

05 → 设置完毕，单击"确定"按钮，应用"染色玻璃"命令后的效果如图5-39所示。

06 → 选择 T.(横排文字工具)，设置合适的文字字体和文字大小后，在页面相应的位置输入文字，如图5-40所示。

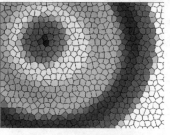

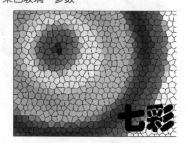

图5-39 染色玻璃效果　　　　　　图5-40 输入文字

07 → 执行菜单"图层"/"栅格化"/"文字"命令，将文字转换成图像，再执行菜单"选择"/"载入选区"命令，弹出"载入选区"对话框，设置参数，如图5-41所示。

08 → 设置完毕，单击"确定"按钮，调出"七彩"图层的选区，如图5-42所示。

09 → 选择工具箱中的 (渐变工具)，设置"渐变样式"为"线性渐变"，"渐变类型"为"透明彩虹"，在文字选区内按住鼠标左键从上向下拖曳，在选区内填充渐变色，效果如图5-43所示。

图5-41 "载入选区"对话框

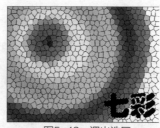

图5-42 调出选区

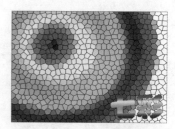

图5-43 填充渐变色

10 → 在"图层"面板中，拖曳"七彩"图层到"创建新图层"按钮 ，得到"七彩 拷贝"图层，如图5-44所示。

11 → 选中"七彩"图层，执行菜单"滤镜"/"模糊"/"动感模糊"命令，弹出"动感模糊"对话框，设置"角度"为0、"距离"为289，如图5-45所示。

12 → 设置完毕，单击"确定"按钮，效果如图5-46所示。

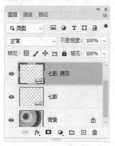

图5-44 复制图层

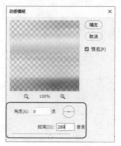

图5-45 设置"动感模糊"参数

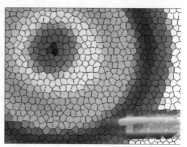

图5-46 模糊效果

13 → 执行菜单"图像"/"调整"/"阈值"命令，弹出"阈值"对话框，设置"阈值色阶"为128，如图5-47所示。

14 → 设置完毕，单击"确定"按钮，效果如图5-48所示。

15 → 设置"混合模式"为"正片叠底"。至此本例制作完成，效果如图5-49所示。

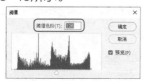

图5-47 设置"阈值"参数

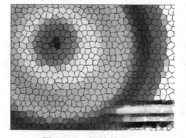

图5-48 阈值效果

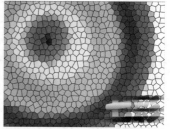

图5-49 最终效果

案例45　渐变编辑器：球体效果

教学视频

通过制作如图5-50所示的流程效果图，掌握"渐变编辑器"的应用方法。

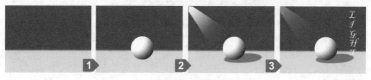

图5-50 流程图

案例 **重点**

- 使用"渐变工具"创建背景。
- 使用"渐变编辑器"绘制小球。

案例 **步骤**

01 → 执行菜单"文件"/"新建"命令或按Ctrl+N键，弹出"新建文档"对话框，将其命名为"渐变编辑器"，设置文件的"宽度"为12厘米、"高度"为9厘米、"分辨率"为300像素/英寸、"颜色模式"为"RGB颜色"、"背景内容"为"白色"。

02 → 单击"确定"按钮，系统会新建一个背景为白色的空白文档，在工具箱中选择■(渐变工具)，设置"渐变样式"为"线性渐变"，如图5-51所示。

图5-51 设置渐变样式

03 → 在"渐变类型"上单击鼠标左键，弹出"渐变编辑器"对话框，从左至右分别设置渐变颜色值为RGB(216、216、216)、RGB(216、216、216)、RGB(0、0、255)、RGB(0、0、0255)，如图5-52所示。

04 → 设置完毕，单击"确定"按钮，使用■(渐变工具)，在页面中按住鼠标左键从下向上拖曳，松开鼠标后背景就被填充为"渐变编辑器"预设的渐变色，如图5-53所示。

技巧

在"渐变编辑器"的色标上按住鼠标左键并向色条的上方拖曳，松开鼠标后即可将色标删除。

图5-52 设置渐变颜色值

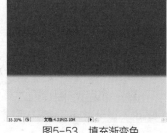

图5-53 填充渐变色

05 → 在"图层"面板中，单击"创建新图层"按钮■，新建一个图层并将其命名为"球"，如图5-54所示。

06 → 使用○(椭圆选框工具)，按住Shift键在页面相应的位置绘制圆形选区，如图5-55所示。

07 → 在工具箱中选择■(渐变工具)，设置"渐变样式"为"径向渐变"，然后在"渐变类型"上单击鼠标左键，打开"渐变类型"对话框，从左至右分别设置渐变颜色值为RGB(255、255、255)、RGB(255、255、255)、RGB(2、2、98)、RGB(1、1、43)，如图5-56所示。

图5-54 新建图层并命名

图5-55 绘制圆形选区

图5-56 设置选区渐变颜色值

08 → 设置完毕，单击"确定"按钮，使用"渐变工具"在圆形选区内按住鼠标左键从左上角向右下角拖曳，松开鼠标后背景就被填充为"渐变编辑器"预设的渐变色，如图5-57所示。

09 → 新建一个图层并将其命名为"投影"，再将其选区填充为"黑色"，如图5-58所示。

10 → 按Ctrl+T键调出变换框，按住Ctrl键拖曳控制点改变"投影"图层的图像形状，如图5-59所示。

技巧

在"渐变编辑器"的色标上单击，可在"颜色"复选框中改变色标的颜色；在"渐变编辑器"的色标上方单击，调出不透明度色标，可在"不透明度"复选框中更改不透明度。

图5-57 填充渐变色

图5-58 新建图层并命名

图5-59 变换图像

11 → 按Enter键确定调整，再按Ctrl+D键取消选区。执行菜单"滤镜"/"模糊"/"高斯模糊"命令，弹出"高斯模糊"对话框，设置"半径"为4.4像素，如图5-60所示。

12 → 设置完毕，单击"确定"按钮，在"图层"面板中设置"不透明度"为44%，如图5-61所示。

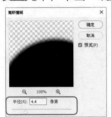

图5-60 设置"高斯模糊"像素

图5-61 设置不透明度

13 → 将"前景色"设置为白色，新建一个图层并将其命名为"光"，选择 ✂ (多边形套索工具)，设置"羽化"为5像素，在画布上绘制选区，如图5-62所示。

14 → 选择工具箱中的 ■ (渐变工具)，设置"渐变样式"为"线性渐变"，"渐变类型"为"前景色到透明渐变"，如图5-63所示。

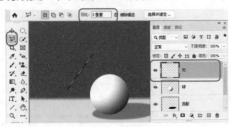

图5-62 绘制选区

图5-63 设置渐变

15 → 使用 ■ (渐变工具)，在选区内按住鼠标左键从左上角向右下角拖曳，填充渐变色，效果如图5-64所示。

16 → 在"图层"面板中，设置"不透明度"为55%，如图5-65所示。

17 → 按Ctrl+D键取消选区，选择 **T.**(横排文字工具)，设置合适的文字字体和文字大小，在页面相应的位置输入文字内容。至此本例制作完成，效果如图5-66所示。

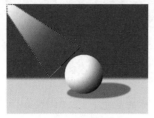

图5-64　填充渐变色

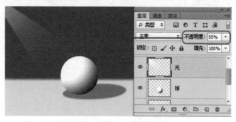

图5-65　设置不透明度

图5-66　最终效果

案例46　油漆桶工具：照片合成

教学视频

通过制作如图5-67所示的流程效果图，掌握"油漆桶工具"的使用方法。

图5-67　流程图

案例　重点

- 使用"色相/饱和度"命令改变图像的颜色。
- 更改"填充图案"并填充。
- 使用"混合模式"让图层之间更加融合。

案例　步骤

01 → 打开附赠资源中的"素材文件"/"第5章"/"小狗"素材，将其作为背景，如图5-68所示。

02 → 执行菜单"图像"/"调整"/"色相/饱和度"命令，弹出"色相/饱和度"对话框，设置参数，如图5-69所示。

图5-68　打开素材图片

图5-69　设置"色相/饱和度"参数

03 → 设置完毕，单击"确定"按钮，图像效果如图5-70所示。

04 → 在"图层"面板中单击"创建新图层"按钮 ⬚，新建一个图层并将其命名为"花"，如

图5-71所示。

05 → 在工具箱中选择 (油漆桶工具)，设置"填充"为"图案"，打开"图案"面板，单击"自定图案"右侧的三角形按钮 ，在弹出的下拉列表中选择Nature Patterns选项，属性栏中的其他参数采用默认值，如图5-72所示。

图5-70 色相/饱和度调整效果

图5-71 新建图层并命名

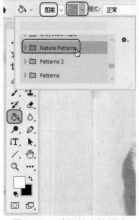

图5-72 选择填充的图案

06 → 单击Nature Patterns选项左侧的三角按钮，展开图案内容，在"自定图案"中选择要填充的图案，如图5-73所示。

07 → 使用 (油漆桶工具)，在画布中单击，为"花"图层填充图案，效果如图5-74所示。

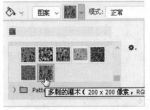

图5-73 选择图案

图5-74 填充图案

技巧

如果在图上工作且不想填充透明区域，可在"图层"面板中锁定该图层的透明区域。

技巧

在属性栏中勾选"消除锯齿"复选框，可平滑填充选区边缘；勾选"连续的"复选框，可只填充与单击像素连续的像素，反之则填充图像中所有的相似像素；勾选"所有图层"复选框，可填充所有可见图层的合并填充颜色。

08 → 在"图层"面板中，设置"混合模式"为"颜色减淡"，如图5-75所示。

09 → 至此本例制作完成，效果如图5-76所示。

图5-75 设置混合模式

图5-76 最终效果

案例47

橡皮擦工具：边框特效

教学视频

通过制作如图5-77所示的效果图，掌握"橡皮擦工具"的使用方法。

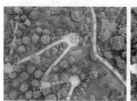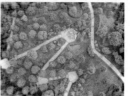

图5-77　效果图

案例　重点

● "背景"图层的复制。

● "水彩画纸"命令和"橡皮擦工具"的应用。

● "去色"命令和"色阶"命令的应用。

案例　步骤

01 → 执行菜单"文件"/"打开"命令或按Ctrl+O键，打开附赠资源中的"素材文件"/"第5章"/"绿地"素材，如图5-78所示。

02 → 在"图层"面板中，拖曳"背景"图层至"创建新图层"按钮，得到"背景拷贝"图层，如图5-79所示。

03 → 执行菜单"滤镜"/"滤镜库"命令，选择"素描"/"水彩画纸"选项，弹出"水彩画纸"对话框，设置参数，如图5-80所示。

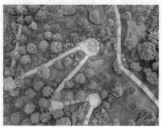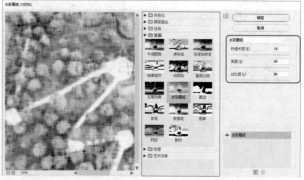

图5-78　打开素材图片　　　图5-79　复制旧层　　　图5-80　设置"水彩画纸"参数

04 → 设置完毕，单击"确定"按钮，图像效果如图5-81所示。

05 → 选择工具箱中的（橡皮擦工具），设置笔尖为"绒毛球"，"大小"为192像素，如图5-82所示。

06 → 在属性栏中，设置"模式"为"画笔"，"不透明度"为97%，"流量"为98%，如图5-83所示。

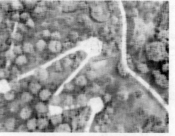

图5-81　水彩画纸　　　　图5-82　设置橡皮擦

图5-83　设置属性

07 → 使用 ，在页面中擦除相应的部分，效果如图5-84所示。

08 → 执行菜单"图像"/"调整"/"去色"命令或按Shift+Ctrl+U键，将"背景 拷贝"图层中的图像去色，效果如图5-85所示。

09 → 执行菜单"图像"/"调整"/"色阶"命令，弹出"色阶"对话框，设置参数，如图5-86所示。

图5-84 擦除　　　　　　图5-85 去色

技 巧

按住Shift键可以强迫"橡皮擦工具"以直线方式擦除；按住Ctrl键可以暂时将"橡皮擦工具"转换为"移动工具"；按住Alt键系统将会以相反的状态进行擦除。

10 → 设置完毕，单击"确定"按钮，至此本例制作完成，效果如图5-87所示。

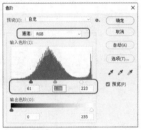

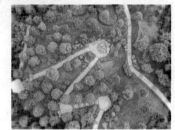

图5-86 设置"色阶"参数　　　　图5-87 最终效果

技 巧

使用 只要在选择的像素上单击，即可将与之相似的区域删除，并将背景转换为普通图层。该工具的使用方法与 相同，不同的是 会自动将选取的范围删除，如图5-88所示。

图5-88 魔术橡皮擦

案例48 ## 背景橡皮擦：飞艇抠图合成

通过制作如图5-89所示的流程效果图，掌握"背景橡皮擦工具"的使用方法。

教学视频

图5-89 流程图

案例 重点

- 设置"背景橡皮擦工具"的属性。
- 使用"移动工具"和新建图层命令。
- 在"图层"面板中设置"不透明度"和"混合模式"。

案例 步骤

01 → 执行菜单"文件"/"打开"命令或按Ctrl+O键，打开附赠资源中的"素材文件"/"第5章"/"飞艇"素材，如图5-90所示。

图5-90 打开"飞艇"素材图片

02 → 选择工具箱中的 （背景橡皮擦工具），在属性栏中单击"取样：一次"按钮 ，设置"限制"为"查找边缘"，"容差"为19%，如图5-91所示。

图5-91 属性

03 → 使用 （背景橡皮擦工具），在背景图像上按住鼠标左键拖曳擦除背景，如图5-92所示。

04 → 按住鼠标左键，在整个图像上拖曳擦除所有的背景，效果如图5-93所示。

05 → 执行菜单"文件"/"打开"命令或按Ctrl+O键，打开附赠资源中的"素材文件"/"第5章"/"牛皮纸"素材，如图5-94所示。

技巧

在"取样"下拉列表中，选择"连续"，可以将鼠标经过处的所有颜色擦除；选择"一次"，鼠标在选区内单击处的颜色将会被作为背景色，只要不松手就可以一次擦除这种颜色；选择"背景色板"，可以擦除与前景色同样的颜色。

技巧

在英文输入法状态下，按Shift+E键可以选择 （橡皮擦工具）、 （魔术橡皮擦工具）、 （背景橡皮擦工具）。

技巧

在使用 （背景橡皮擦工具）时，在属性栏中勾选"保护前景色"复选框，可以在擦除颜色的同时保护前景色不被擦除。

图5-92 擦除背景

图5-93 擦除所有背景

图5-94 打开"牛皮纸"素材图片

06 → 选择工具箱中的 （移动工具），将刚刚被擦除背景的飞艇图像拖曳至素材图像中，并将新建的图层命名为"飞艇"，如图5-95所示。

07 → 按Ctrl+T键调出变换框，拖曳控制点将"飞艇"图像缩小并进行旋转，如图5-96所示。

08 → 按Enter键确定，在"图层"面板中设置"飞艇"图层的"混合模式"为"变暗"，"不透明度"为90%，如图5-97所示。

09 → 至此本例制作完成，效果如图5-98所示。

图5-95　新建图层并命名　　图5-96　变换图像　　图5-97　设置混合模式　　图5-98　最终效果

本章主要对填充颜色、图案以及擦除图像或背景等方面的命令或工具进行了讲解，使读者可以按照学习顺序掌握Photoshop的功能和操作技巧，并为后续的设计制作奠定基础。

本章练习

练习

找一张自己喜欢的图片，使用"油漆桶工具"对局部进行图案填充。

习题

1. 下面_____渐变填充为角度填充。

A.　　　　　B.　　　　　C.　　　　　D.

2. 下面_____可以填充自定义图案。

　A. 渐变工具　　　　B. 油漆桶工具　　　　C. 魔术棒工具　　　　D. 背景橡皮擦工具

3. 在"背景橡皮擦工具"属性栏中选择_____选项时，可以始终擦除第一次选取的颜色。

　A. 一次　　　　B. 连续　　　　C. 背景色板　　　　D. 保护前景色

第6章 图层与路径

本章主要讲解Photoshop的图层与路径，通过案例的操作让大家更轻松地掌握Photoshop的核心内容。

案例49 颜色减淡模式：素描效果

教学视频

通过"混合模式"中的"颜色减淡"功能，制作如图6-1所示的效果。

图6-1 效果图

案例 重点

- 使用"去色"命令将彩色照片转换成黑白照片。
- 复制图层及使用"反相"菜单命令。
- 使用"高斯模糊"及"颜色减淡"命令制作素描效果。

案例 步骤

01 → 执行菜单"文件"/"打开"命令，打开附赠资源中的"素材文件"/"第6章"/"古建筑"素材，如图6-2所示。

02 → 执行菜单"图像"/"调整"/"去色"命令，将彩色图像去色，如图6-3所示。

03 → 在"图层"面板中，拖曳"背景"图层到"创建新图层"按钮 ，得到"背景 拷贝"图层，执行菜单"图像"/"调整"/"反相"命令，效果如图6-4所示。

图6-2 打开素材图片

图6-3 图像去色

04 → 在"图层"面板中，设置"混合模式"为"颜色减淡"，如图6-5所示。

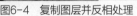

图6-4 复制图层并反相处理   图6-5 设置混合模式

05 → 执行菜单"滤镜"/"模糊"/"高斯模糊"命令，弹出"高斯模糊"对话框，设置"半径"为2像素，如图6-6所示。

06 → 设置完毕，单击"确定"按钮，至此本例制作完成，效果如图6-7所示。

图6-6 设置"高斯模糊"像素   图6-7 最终效果

技巧

在"混合模式"中只有"颜色减淡"和"线性减淡"两种模式可以制作比较好的素描效果。通过对"高斯模糊"中"半径"的调节，可使其产生最佳效果。

技巧

(1) 通过执行菜单"滤镜"/"风格化/"查找边缘"命令去色后，再对其进行适当调整，也可以制作素描效果。

(2) 通过执行菜单"滤镜"/"模糊"/"特殊模糊"命令，在弹出的"特殊模糊"对话框中设置相应的参数，也可以制作素描效果。

案例50 变暗模式：树叶景象

教学视频

通过制作如图6-8所示的流程效果图，掌握"快速蒙版编辑模式"、"混合模式"中的"变暗"，以及"投影"图层样式的应用方法。

图6-8 流程图

案例 重点

● 使用快速蒙版编辑模式创建选区。

- 复制图像，并将图像多余部分删除。
- 通过"混合模式"中的"变暗"功能，将两个图像更好地融合在一起。

案例 步骤

01 → 执行菜单"文件"/"打开"命令，打开附赠资源中的"素材文件"/"第6章"/"树叶"素材，如图6-9所示。

02 → 单击工具箱中的"以快速蒙版模式编辑"按钮 回，进入快速蒙版编辑模式，选择 （画笔工具），在属性栏中设置相应的画笔大小和笔触，在画布上进行涂抹，如图6-10所示。

图6-9 打开"树叶"素材图片　　　　　　　　　图6-10 设置画笔并涂抹画布

03 → 使用相同的方法，通过修改画笔的大小和笔触，在画布上继续将树叶涂抹出来，如图6-11所示。

04 → 单击工具箱中的"以标准模式编辑"按钮 ■，返回标准模式编辑状态，软件自动创建树叶图形的选区，如图6-12所示。

05 → 按Ctrl+C键复制选区中的图形，再按Ctrl+V键粘贴图像，软件自动新建一个图层来放置复制的图像，如图6-13所示。

图6-11 继续涂抹画面　　　　　图6-12 创建选区　　　　　　图6-13 复制图像

06 → 选中"图层1"图层，单击"图层"面板中的"添加图层样式"按钮 fx，弹出"图层样式"对话框，在左侧的"样式"列表中勾选"投影"复选框，设置如图6-14所示。

07 → 在"图层样式"对话框左侧的"样式"列表中，勾选"外发光"复选框，切换到"外发光"选项设置，设置如图6-15所示。

提示

在"图层样式"对话框的"投影"选项设置中，在"混合模式"下拉列表中调整相应模式，可以出现不同的投影效果。在"品质"选项组中设置不同的"等高线"，可以出现不同的投影样式，单击"等高线"样式图标，弹出"等高线编辑器"对话框，拖曳其中的曲线可以自定义等高线的样式。

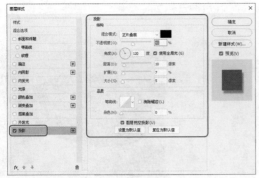

图6-14　设置"投影"样式

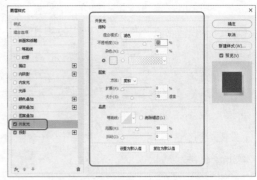

图6-15　设置"外发光"样式

08 → 单击"确定"按钮，完成"图层样式"对话框的设置，图像效果如图6-16所示。

09 → 执行菜单"文件"/"打开"命令，打开附赠资源中的"素材文件"/"第6章"/"城市"素材，如图6-17所示。

图6-16　添加样式效果

图6-17　打开"城市"素材图片

10 → 选择工具箱中的 ✛ (移动工具)，拖曳素材图像至刚刚制作的图像文件中，如图6-18所示。

11 → 按Ctrl+T键调出自由变换框，拖曳控制点对图像进行适当的调整和旋转，如图6-19所示。

图6-18　拖曳素材至图像文件

图6-19　调整和旋转图片

12 → 按Enter键确认操作，按住Ctrl键单击"图层1"图层缩览图，调出"图层1"图层选区，执行菜单"选择"/"反向"命令，反向选择选区，按Delete键删除选区中的内容，如图6-20所示。

技巧

　　将一个文件中的图像转移到另一个文件中，除了使用"移动工具"拖曳外，还可以使用复制和粘贴命令来实现图像在文件间的转移。

图6-20　删除选区中的内容

13 → 按Ctrl+D键取消选区，在"图层"面板中设置"混合模式"为"变暗"，如图6-21所示。

14 → 至此本例制作完成，最终效果如图6-22所示。

技巧

执行菜单"选择/载入选区"命令，载入"图层1"图层选区，同样可以调出该图层的选区。

图6-21　设置混合模式

图6-22　最终效果

案例51　图层混合：T恤衫贴图

教学视频

通过制作如图6-23所示的流程效果图，掌握"混合模式"的应用技巧。

图6-23　流程图

案例　重点

- 使用"色阶"命令调整图像。
- 设置"混合模式"。
- 使用"色相/饱和度"命令调整图像的色调。

案例　步骤

01 → 打开附赠资源中的"素材文件"/"第6章"/"T恤"和"头像"素材，如图6-24和图6-25所示。

02 → 选择"头像"素材，执行菜单"图像"/"调整"/"色阶"命令，弹出"色阶"对话框，设置参数，如图6-26所示。

03 → 设置完毕，单击"确定"按钮，效果如图6-27所示。

04 → 使用 ✛.(移动工具)，拖曳"头像"素材中的图像到"T恤"文档中，在"图层"面板中会自动得到一个"图层1"图层，按Ctrl+T键调出变换框，拖曳控制点将图像缩小，设置"混合模式"为"变暗"，效果如图6-28所示。

05 → 按Enter键确定，执行菜单"图像"/"调整"/"色相/饱和度"命令，弹出"色相/饱和度"对话框，勾选"着色"复选框，设置"色相"为0、"饱和度"为15、"明度"为0，如图6-29所示。

06 → 设置完毕，单击"确定"按钮，至此本例制作完成，效果如图6-30所示。

图6-24 打开"T恤"
素材图片

图6-25 打开"头像"
素材图片

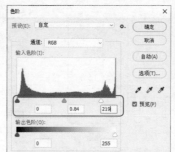
图6-26 设置"色阶"参数

图6-27 调整色阶效果

图6-28 新建图层并设置混合模式

图6-29 设置"色相/饱和度"参数

图6-30 最终效果

案例52 图层样式：装饰画

教学视频

通过制作如图6-31所示的流程效果图，掌握图层样式的应用技巧。

图6-31 流程图

案例 重点

● 绘制矩形并缩小选区。
● 为图层添加"黑色电镀金属"样式。
● 清除选区内容。
● 为背景图层填充渐变色。

案例 步骤

01 → 执行菜单"文件"/"新建"命令或按Ctrl+N键，弹出"新建文档"对话框，设置"宽度"为18厘米、"高度"为13.5厘米、"分辨率"为150像素/英寸，选择"颜色模式"为"RGB颜色"，选择"背景内容"为"白色"，单击"创建"按钮，如图6-32所示。

02 → 新建"图层1"，设置"前景色"为黑色，使用 ▢ (矩形工具)在页面中绘制一个黑色矩形，如图6-33所示。

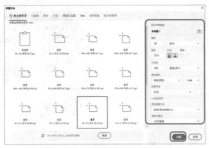

图6-32　新建并设置文档

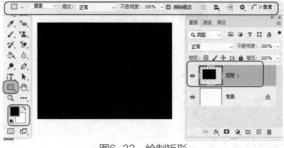

图6-33　绘制矩形

03 → 按住Ctrl键的同时单击"图层1"的缩览图，调出选区，执行菜单"选择"/"修改"/"收缩"命令，弹出"收缩选区"对话框，设置"收缩量"为45像素，设置完毕，单击"确定"按钮，效果如图6-34所示。

04 → 按Delete键删除选区内容，再按Ctrl+D键取消选区，效果如图6-35所示。

图6-34　设置"收缩选区"参数

图6-35　删除内容并取消选区

05 → 执行菜单"窗口"/"样式"命令，弹出"样式"面板，选择"黑色电镀金属"样式，效果如图6-36所示。

06 → 打开附赠资源中的"素材文件"/"第6章"/"插画"素材，如图6-37所示。

图6-36　添加样式

图6-37　打开素材图片

07 → 使用 ✛ (移动工具)，拖曳"插画"素材中的图像到新建的文档中，在"图层"面板中会自动得到一个"图层2"图层，按Ctrl+T键调出变换框，拖曳控制点将图像缩小，效果如图6-38所示。

08 → 按Enter键确定，新建"图层3"，使用 ▢ (矩形工具)在页面中绘制一个黑色矩形，选择"图层2"，再按Ctrl+T键调出变换框，拖曳控制点将图像缩小，效果如图6-39所示。

图6-38 新建图层并缩小图像

图6-39 变换图像

09 → 按Enter键确定，选中"背景"图层，选择 ■(渐变工具)，设置"渐变样式"为"线性渐变"、"渐变类型"为"从前景色到透明"，使用■(渐变工具)从右下角向左上角拖曳鼠标，填充渐变色，效果如图6-40所示。

10 → 至此本例制作完成，效果如图6-41所示。

图6-40 填充渐变色

图6-41 最终效果

案例53 图案填充：纹理版画

教学视频

通过如图6-42所示的流程效果图，掌握"创建新的图案填充图层"的方法。

图6-42 流程图

案例 重点

● 创建新的图案填充图层。 ● 设置"混合模式"为"正片叠底"。

案例 步骤

01 → 打开附赠资源中的"素材文件"/"第6章"/"动漫"素材，如图6-43所示。

02 → 在"图层"面板中，单击"创建新的填充或调整图层"按钮 ●，在弹出的菜单中选择"图案"命令，如图6-44所示。

03 → 在弹出的"图案填充"对话框中，选择对应的图案，如图6-45所示。

图6-43 打开素材图片

图6-44 选择"图案"命令

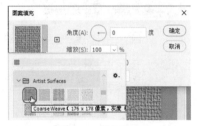

图6-45 选择图案

04 → 单击"确定"按钮，完成"图案填充"对话框的设置，图像效果如图6-46所示。

05 → 在"图层"面板中，设置"图层1"图层的"混合模式"为"正片叠底"、"不透明度"为60%，如图6-47所示。

06 → 至此本例制作完成，效果如图6-48所示。

图6-46 填充效果

图6-47 设置图层

图6-48 最终效果

案例54　渐变叠加：图标

教学视频

通过制作如图6-49所示的流程效果图，掌握"渐变叠加"图层样式的应用方法。

图6-49 流程图

案例 重点

- 使用"椭圆工具"绘制椭圆形并添加"渐变叠加"图层样式。
- 复制图像添加"渐变叠加"图层样式。
- 输入文字并制作文字倒影。

案例 步骤

01 → 执行菜单"文件"/"新建"命令或按Ctrl+N键，弹出"新建文档"对话框，设置"宽度"为400像素、"高度"为400像素、"分辨率"为72像素/英寸，选择"颜色模式"为"RGB颜色"，选择"背景内容"为"白色"，单击"创建"按钮，如图6-50所示。

02 → 选择工具箱中的 ◯.(椭圆工具)，在画布上绘制3个圆形路径，如图6-51所示。

03 → 执行菜单"窗口"/"路径"命令，弹出"路径"面板，单击"路径"面板中的"将路径作为选区载入"按钮 ⬚ ，将路径转换为选区，如图6-52所示。

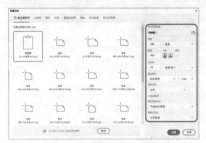
图6-50 新建并设置文档

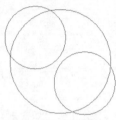
图6-51 绘制路径

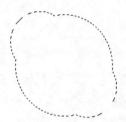
图6-52 转换路径为选区

04 → 在"图层"面板中，新建"图层1"图层，在工具箱中设置"前景色"为白色，按Alt+Delete键，为选区填充前景色。执行菜单"图层"/"图层样式"/"渐变叠加"命令，在弹出的"图层样式"对话框中，设置"渐变叠加"的渐变颜色值为RGB(158、225、249)到RGB(6、117、240)，其他设置如图6-53所示。

05 → 单击"确定"按钮，完成"图层样式"对话框的设置，再按Ctrl+D键取消选区，图像效果如图6-54所示。

06 → 拖曳"图层1"图层至"创建新图层"按钮 ▣ ，复制"图层1"图层，并将其命名为"描边"。执行菜单"编辑"/"变换"/"缩放"命令，将图像缩小，效果如图6-55所示。

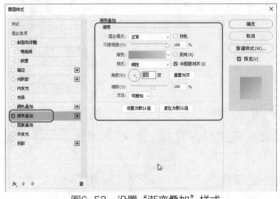
图6-53 设置"渐变叠加"样式

图6-54 渐变叠加效果

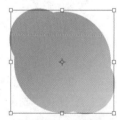
图6-55 变换效果

07 → 按Enter键确认操作，执行菜单"图层"/"图层样式"/"描边"命令，在弹出的"图层样式"对话框中，设置"描边"的"填充类型"为"渐变"，渐变颜色值为RGB(9、178、240)到RGB(255、255、255)，其他设置如图6-56所示。

08 → 单击"确定"按钮，图像效果如图6-57所示。

09 → 拖曳"图层1"图层至"创建新图层"按钮 ▣ ，复制"图层1"图层，并将其命名为"高光"。选择工具箱中的 ◯.(椭圆选框工具)，在画布上绘制椭圆选区。执行菜单"选择"/"变换选区"命令，对选区进行调整，如图6-58所示。

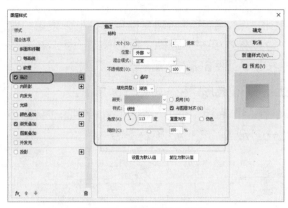  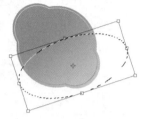

　　图6-56　设置"描边"样式　　　　　　　图6-57　描边效果　　　　图6-58　调整选区

10 → 按Enter键确认，再按Delete键删除选区中的图像，如图6-59所示。

11 → 按Ctrl+D键取消选区，执行菜单"图层"/"图层样式"/"渐变叠加"命令，在弹出的"图层样式"对话框中，设置"渐变叠加"的渐变颜色值为RGB(189、234、251)到白色透明，其他设置如图6-60所示。

12 → 在"图层"面板中，设置"高光"图层的"填充"为0%，并将其拖曳至"描边"图层上方。执行菜单"编辑"/"变换"/"缩放"命令，将图像缩小，如图6-61所示。

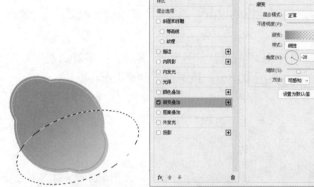 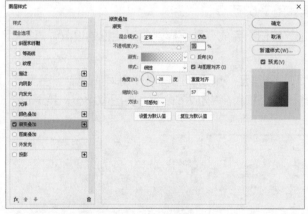 

图6-59　删除选区图像　　　　　图6-60　设置"渐变叠加"样式　　　　图6-61　缩小图像

13 → 选择工具箱中的 **T.**(横排文字工具)，在画布上输入文字，并对文字执行菜单"编辑"/"变换"/"水平翻转"命令，如图6-62所示。

14 → 在"图层"面板中合并除"背景"图层外的所有图层，并将合并后的图层命名为"图标"，复制"图标"图层，将其命名为"阴影"，对"阴影"图层中的图像执行菜单"编辑"/"变换"/"垂直翻转"命令，调整其位置，效果如图6-63所示。

15 → 单击"图层"面板中的"添加图层蒙版"按钮 ◻，为"阴影"图层添加图层蒙版，选择工具箱中的 ▣(渐变工具)，选择一种由黑色到白色的渐变，在图层蒙版上按住鼠标左键拖曳填充渐变颜色，效果如图6-64所示。

16 → 选择工具箱中的 ▣(渐变工具)，设置一种由灰色到白色的渐变，在"图层"面板中选择"背景"图层，在画布上按住鼠标左键拖曳填充渐变颜色。至此本例制作完成，效果如图6-65所示。

图6-62　输入并变换文字　　图6-63　调整图片效果　　　　图6-64　设置渐变蒙版　　　　图6-65　最终效果

案例55　钢笔工具：奖杯宣传画

教学视频

通过制作如图6-66所示的流程效果图，掌握"钢笔工具"的应用方法。

图6-66　流程图

案例　重点

- 使用"钢笔工具"绘制路径。
- 将路径转换成选区和使用"羽化"命令。
- 使用"通过拷贝的图层"命令复制对象。

案例　步骤

01 → 执行菜单"文件"/"打开"命令，打开附赠资源中的"素材文件"/"第6章"/"奖杯"素材，如图6-67所示。

02 → 选择工具箱中的 ◊.(钢笔工具)，在属性栏中选择"路径"选项，在图像上创建路径，如图6-68所示。

图6-67　打开素材图片　　图6-68　创建路径

技巧

使用"钢笔工具"创建直线路径时，只单击但不要按住鼠标左键，当鼠标指针移动到另一点时单击鼠标左键，即可创建直线路径；按住鼠标左键并拖曳，即可创建曲线路径。

技巧

在创建路径时，为了能够更好地控制路径的走向，可以通过按Ctrl+ +和Ctrl+ -组合键来放大和缩小图像。

03 → 执行菜单"窗口"/"路径"命令，在弹出的"路径"面板中单击"将路径作为选区载入"按钮 ⊙，如图6-69所示。

04 → 将路径转换为选区，效果如图6-70所示。

技巧

使用"钢笔工具"时，选择属性栏中的"形状"选项，在图像中依次单击鼠标左键，即可创建填充前景色的形状图层。

图6-69　将路径作为选区载入　　图6-70　转换路径为选区

技巧

使用"钢笔工具"时，选择属性栏中的"路径"选项，在图像中单击鼠标左键，即可创建普通的工作路径。

技巧

使用"钢笔工具"时，勾选属性栏中的"自动添加"/"删除"复选框，"钢笔工具"就具有"添加锚点"和"删除锚点"的功能。

05 → 执行菜单"图层"/"新建"/"通过拷贝的图层"命令，将选区图像拷贝到"图层1"图层中，如图6-71所示。

06 → 在"图层"面板中选中"图层1"图层，按住Ctrl键的同时单击"图层1"图层，获得选区。执行菜单"选择"/"修改"/"羽化"命令，在弹出的"羽化选区"对话框中，设置"羽化半径"为35像素，如图6-72所示。

07 → 设置工具箱中的"前景色"为白色，选择工具箱中的"油漆桶工具"，单击"图层1"图层选区外边缘，得到如图6-73所示的图像效果。

图6-71　复制图层　　　　　图6-72　设置羽化半径　　　　图6-73　图像效果

08 → 使用同样的方法，制作其他发光的效果，如图6-74所示。

09 → 选择工具箱中的 ↓T (直排文字工具)，设置文字颜色为RGB(255、0、0)，在画面中输入相应的文字内容，如图6-75所示。

⑩ → 设置文字颜色为RGB(0、0、0)，在画面中输入如图6-76所示的文字。

⑪ → 此时的"图层"面板，如图6-77所示。

⑫ → 至此本例制作完成，效果如图6-78所示。

图6-74 发光效果

图6-75 输入文字1

图6-76 输入文字2

图6-77 "图层"面板

图6-78 最终效果

案例56 转换点工具：心形图形

教学视频

通过制作如图6-79所示的流程效果图，掌握"转换点工具"的应用方法。

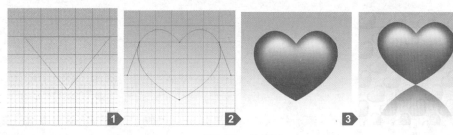
图6-79 流程图

案例 重点

- 使用"转换点工具"对直线路径进行调整。
- 绘制"填充像素"图形。
- 运用"模糊"滤镜。

案例 步骤

① → 执行菜单"文件"/"新建"命令，弹出"新建文档"对话框，设置"名称"为"转换点工具"，"宽度"和"高度"都为500像素，"分辨率"为72像素/英寸，如图6-80所示。

② → 选择工具箱中的"渐变工具"，单击属性栏中的"渐变预览条"，弹出"渐变编辑器"对话框，如图6-81所示。

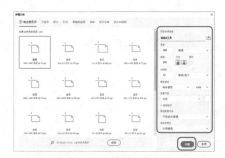
图6-80 新建并设置文档

③ → 将渐变设置为从白色到RGB(95、200、255)的渐变效果，如图6-82所示。

04 → 在画布中按住鼠标左键，从下向上拖曳填充，得到的渐变效果如图6-83所示。

05 → 执行菜单"视图"/"显示"/"网格"命令，在画布上显示网格，如图6-84所示。

06 → 选择工具箱中的 ✐.(钢笔工具)，在画布中依次单击，绘制如图6-85所示的三角形路径。

图6-81 "渐变编辑器"对话框

图6-82 设置渐变颜色

图6-83 渐变效果

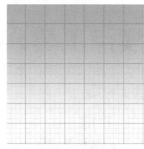

图6-84 显示网格

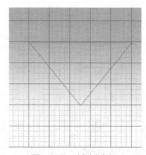

图6-85 绘制路径

技巧

除了使用"添加锚点工具"添加锚点外，还可以使用"钢笔工具"直接在路径上添加，但前提是要勾选钢笔工具属性栏上的"自动添加/删除"复选框。

07 → 选择工具箱中的"添加锚点工具"，在路径如图6-86所示的位置单击，添加一个锚点。

08 → 使用工具箱中的 ▷(转换点工具)，在路径左上角的锚点上单击并拖曳，调整路径效果如图6-87所示。

09 → 使用同样的方法，依次调整其他几个锚点，得到的路径效果如图6-88所示。

10 → 按Ctrl+Enter键将路径转换为选区。设置工具箱中的"前景色"为RGB(255、0、0)，执行菜单"窗口"/"图层"命令，单击"图层"面板上的"创建新图层"按钮，新建"图层1"图层。此时，按Alt+Delete键为选区填充颜色，效果如图6-89所示。

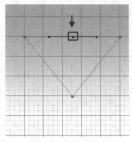

图6-86 添加锚点

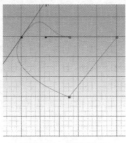

图6-87 转换锚点

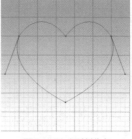

图6-88 调整锚点

图6-89 填充颜色

技巧

在调整路径时，每个锚点都由两个控制轴控制，在按住Alt键的同时操作单个控制轴，可以实现对单个控制轴的控制。

11 → 执行菜单"视图"/"显示"/"网格"命令，将网格隐藏。按住Ctrl键的同时单击"图层1"图层，将选区调出。选择工具箱中的"渐变工具"，单击"渐变预览条"，在弹出的"渐变编辑器"对话框中，设置从白色到透明的渐变，如图6-90所示。

图6-90　设置渐变色

12 → 新建"图层2"图层，在该图层中从上向下拖曳，填充渐变色，效果如图6-91所示。

13 → 执行菜单"编辑"/"自由变换"命令，按住Shift+Alt键对图形进行缩放，效果如图6-92所示。

图6-91　填充渐变

图6-92　缩放效果

技巧

按住Shift键缩放对象，可以保证是按照比例缩放；按住Alt键缩放对象，可以保证是中心缩放。

14 → 在控制框内双击，完成缩放。执行菜单"滤镜"/"模糊"/"高斯模糊"命令，在弹出的"高斯模糊"对话框中，设置"半径"为15像素，如图6-93所示。

15 → 应用"高斯模糊"命令后，效果如图6-94所示。

16 → 选择工具箱中的 (椭圆工具)，单击属性栏上的"填充像素"按钮，新建"图层3"图层，在画布中绘制一个如图6-95所示的椭圆。

图6-93　设置"高斯模糊"像素

图6-94　应用命令后的效果

图6-95　绘制椭圆

17 → 执行菜单"滤镜"/"模糊"/"高斯模糊"命令，设置"半径"为46像素，模糊效果如图6-96所示。

18 → 执行两次"图层"/"向下合并"菜单命令，选择工具箱中的 ✛(移动工具)，按住Alt键拖曳图形，复制一个图形，执行菜单"编辑"/"自由变换"命令，单击鼠标右键，在弹出的菜单中选择"垂直翻转"命令，效果如图6-97所示。

19 → 单击"图层"面板上的"添加图层蒙版"按钮，为"图层1 拷贝"图层添加图层蒙版，选择工具箱中的 ▣(渐变工具)，将渐变颜色设置为从白色到黑色的渐变，在蒙版上从上向下拖曳，如图6-98所示。

图6-96　模糊效果

图6-97　复制图形

图6-98　添加蒙版

20 → 添加蒙版的效果，如图6-99所示。

21 → 此时的"图层"面板，如图6-100所示。

22 → 至此本例制作完毕，效果如图6-101所示。

图6-99　蒙版效果

图6-100　"图层"面板

图6-101　最终效果

案例57　路径面板：流星滑过效果

教学视频

通过制作如图6-102所示的效果图，掌握"路径"面板的使用方法。

图6-102　效果图

案例 重点

● 使用"钢笔工具"绘制直线路径。

● 在"路径"面板中为路径描边。

● 通过"画笔设置"面板为画笔设置基本属性。

案例 ▶ 步骤

01 → 打开附赠资源中的"素材文件"/"第6章"/"花"素材，将其作为背景，如图6-103所示。

02 → 选择工具箱中的 ✐.(钢笔工具)，在属性栏中选择"路径"选项，如图6-104所示。

03 → 在图像上分别单击，创建一个如图6-105所示的路径。

04 → 选择工具箱中的 ✐.(画笔工具)，在属性栏中单击"切换画笔设置面板"按钮 ，弹出"画笔设置"面板，如图6-106所示。

图6-103　打开素材图片 　　　　　图6-104　选择"路径"选项

图6-105　创建路径

图6-106　"画笔设置"面板

技巧

这里绘制路径的方向很重要，直接决定了最后制作的流星的方向。读者要按照提示进行绘制。

05 → 勾选"传递"复选框，在"不透明度抖动"选项下的"控制"下拉列表中，选择"渐隐"选项，设置"渐隐"为60，如图6-107所示。

06 → 设置 ✐.(画笔工具)的"前景色"为白色，"画笔大小"为25。执行菜单"窗口"/"路径"命令，弹出"路径"面板，如图6-108所示。

07 → 单击"路径"面板中的"用画笔描边路径"按钮 ，如图6-109所示。

08 → 得到的描边路径效果，如图6-110所示。

图6-107　设置"渐隐"参数 　　　图6-108　"路径"面板

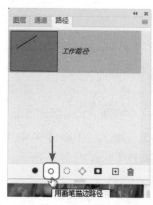

技巧

在"路径"面板中单击右上角的小三角形按钮，在弹出的菜单中选择"描边路径"或"填充路径"命令，都会弹出一个对话框，可在其中根据需要进行设置。

图6-109　单击"用画笔描边路径"按钮　　图6-110　描边路径效果

09 → 重新设置"画笔设置"面板中的"渐隐"为40，如图6-111所示。

10 → 设置"画笔工具"的"画笔大小"为40，再次单击"路径"面板中的"用画笔描边路径"按钮 ○̸，得到的描边路径效果，如图6-112所示。

图6-111　重新设置"渐隐"参数　　　　　图6-112　重新得到的描边路径效果

11 → 执行菜单"滤镜"/"渲染"/"镜头光晕"命令，弹出"镜头光晕"对话框，设置如图6-113所示。

12 → 设置完毕，单击"确定"按钮，最终效果如图6-114所示。

对图层进行操作可以说是Photoshop中使用最为频

图6-113　设置"镜头光晕"参数　　　　图6-114　最终效果

繁的一项工作。通过建立图层，然后在各图层中分别编辑图像中的各个元素，从而产生既富有层次，又彼此关联的整体图像效果。所以，在编辑图像的时候，图层是必不可少的。

Photoshop中的路径，指的是在文档中使用钢笔工具或形状工具创建的贝塞尔曲线轮廓。路径可以是直线、曲线，或者是封闭的形状轮廓，多用于自行创建的矢量图形或对图像的某个区域进行精确抠图。路径不能够打印输出，只能存放于"路径"面板中。

本章练习

练习

使用"钢笔工具"对图中的人物进行抠图。

习题

1. 按_____键可以通过复制新建一个图层。

    A. Ctrl+L   B. Ctrl+C   C. Ctrl+J   D. Shift+Ctrl+X

2. 填充图层和调整图层具有_____两种相同选项。

    A. 不透明度   B. 混合模式   C. 图层样式   D. 颜色

3. 下面_____功能不能应用于智能对象。

    A. 绘画工具   B. 滤镜   C. 图层样式   D. 填充颜色

4. 以下_____功能可以将文字图层转换成普通图层。

    A. 栅格化图层   B. 栅格化文字   C. 栅格化/图层   D. 栅格化/所有图层

5. 路径类工具包括_____两类。

    A. 钢笔工具   B. 矩形工具   C. 形状工具   D. 多边形工具

6. _____可以选择一个或多个路径。

    A. 直接选择工具   B. 路径选择工具   C. 移动工具   D. 转换点工具

7. _____可以激活"填充像素"。

    A. 多边形工具   B. 钢笔工具   C. 自由钢笔工具   D. 圆角矩形工具

8. 使用_____命令可以制作无背景图像。

    A. 描边路径   B. 填充路径   C. 剪贴路径   D. 储存路径

第7章 蒙版与通道

本章为大家讲解Photoshop蒙版和通道的使用方法。对于Photoshop的学习者，掌握蒙版和通道的知识是衡量在该软件中是否进阶的标准。本章通过案例的方式，讲解蒙版和通道在实际应用中的作用和操作技巧。

案例58　渐变蒙版：无缝合成图像

教学视频

通过制作如图7-1所示的流程效果图，掌握"渐变蒙版"的应用方法。

图7-1　流程图

案例　重点

- "添加图层蒙版"的应用。
- "渐变工具"的应用。

案例　步骤

01 → 打开附赠资源中的"素材文件"/"第7章"/"海景1"和"海景2"素材，如图7-2和图7-3所示。

图7-2　打开"海景1"素材图片

图7-3　打开"海景2"素材图片

02 → 将"海景2"素材中的图像拖曳至"海景1"素材中，如图7-4所示。

03 → 单击"图层"面板中的"添加图层蒙版"按钮 ■，为"图层1"图层添加图层蒙版，如图7-5所示。

技 巧

在蒙版状态下可以反复修改蒙版，以产生不同的效果。渐变的范围决定了遮挡的范围，黑白的深浅决定了遮挡的程度。按住Shift键单击图层蒙版，可以临时关闭图层蒙版；再次单击图层蒙版，则可重新打开图层蒙版。

图7-4 移动图像

图7-5 添加图层蒙版

04 → 选择工具箱中的 ■(渐变工具)，设置"前景色"为黑色，"背景色"为白色，设置"渐变样式"为"线性渐变"，"渐变类型"为"从前景色到背景色"，在图层蒙版上按住鼠标左键，由下到上拖曳填充渐变色，如图7-6所示。

05 → 至此本例制作完成，效果如图7-7所示。

图7-6 编辑蒙版并填充渐变色

图7-7 最终效果

提 示

在图层蒙版上应用了渐变效果，其实填充的并不是颜色，而是遮挡范围。

技 巧

在蒙版中使用 ■(渐变工具)进行编辑时，渐变距离越远，过渡效果也就越平缓，如图7-8所示。

从黑色到
白色渐变

图7-8 渐变编辑蒙版

案例59　快速蒙版：卡通造型抠图

教学视频

通过制作如图7-9所示的流程效果图，掌握"快速蒙版"的应用方法。

图7-9　流程图

案例　重点

● "钢笔工具"的应用。　　　　　● "以快速蒙版模式编辑"的应用。

案例　步骤

01 → 打开附赠资源中的"素材文件"/"第7章"/"动漫卡通"素材，如图7-10所示。

02 → 使用 ✏️(钢笔工具)，在图像上选取需要修改的部分，并按Ctrl+Enter键将路径转换为选区，如图7-11所示。

03 → 单击工具箱中的"以快速蒙版模式编辑"按钮 ▣，进入快速蒙版状态，如图7-12所示。

04 → 使用 🔍(缩放工具)，将图像放大，再使用 🖌️(画笔工具)，在图像上进行添加蒙版区和减少蒙版区的操作，如图7-13所示。

图7-10　打开"动漫卡通"素材图片　　图7-11　创建选区　　图7-12　进入快速蒙版状态　　图7-13　编辑快速蒙版

技巧

多次调整画笔的大小，才能够将图像的精细部分抠出，使抠出的图像更加完美。

05 → 黑色为增加蒙版区，白色为减少蒙版区，"通道"面板，如图7-14所示。

06 → 也可以使用工具箱中的 🩹(橡皮擦工具)进行编辑，与使用"画笔工具"刚好相反，黑色为减少蒙版区，白色为增加蒙版区。双击"快速蒙版模式编辑"按钮 ▣，弹出"快速蒙版选项"对话框，在其中对蒙版颜色和色彩指示进行设置，如图7-15所示。

07 → 对选区进行精确修整后，效果如图7-16所示。

图7-14　"通道"面板　　　图7-15　设置蒙版颜色和色彩指示　　图7-16　更改蒙版颜色

08 → 打开附赠资源中的"素材文件"/"第7章"/"场景"素材，如图7-17所示。

09 → 执行菜单"编辑"/"拷贝"命令，拷贝选区中的图像。转换到场景图像中，执行菜单"编辑"/"粘贴"命令，粘贴拷贝的图像，即可将两个图像完美地合成在一起。至此本例制作完成，效果如图7-18所示。

图7-17　打开"场景"素材图片　　　　　　　图7-18　最终效果

案例60　画笔编辑蒙版：金字塔下的鲜花

通过制作如图7-19所示的流程效果图，掌握使用"画笔工具"编辑图层蒙版的方法。

教学视频

图7-19　流程图

案例　**重点**

- 使用"多边形套索工具"创建封闭选区。
- 为图层添加蒙版并使用"画笔工具"对蒙版进行编辑。

案例 步骤

图7-20 打开"金字塔"和"雪山绿地"素材图片

01→ 打开附赠资源中的"素材文件"/"第7章"/"金字塔"和"雪山绿地"素材，如图7-20所示。

02→ 使用 ≥ (多边形套索工具)，在"雪山绿地"素材中创建一个封闭选区，如图7-21所示。

03→ 使用 ⊕ (移动工具)，拖曳选区内的图像到"金字塔"文档中，在"图层"面板中会自动得到一个"图层1"图层，按Ctrl+T键调出变换框，拖曳控制点将图像缩小并拉长，如图7-22所示。

图7-21 创建选区　　　　　　　　图7-22 生成图层并变换图像

04→ 按Enter键确定，单击"添加图层蒙版"按钮 ◘ ，"图层1"会被添加一个空白蒙版，选择 ✐ (画笔工具)，设置"前景色"为黑色、"不透明度"为36%，在"图层1"顶部进行涂抹，为其添加蒙版效果，如图7-23所示。

05→ 使用 ✐ (画笔工具)，在边缘处进行反复涂抹，直至得到理想的效果。至此本例制作完成，效果如图7-24所示。

图7-23 添加蒙版　　　　　　　　图7-24 最终效果

案例61　橡皮擦编辑蒙版：合成胶囊城市

通过制作如图7-25所示的流程效果图，掌握"橡皮擦工具"编辑图层蒙版的方法。

教学视频

图7-25 流程图

- 合并与变换图像。
- 为图层添加蒙版并使用"橡皮擦工具"对蒙版进行编辑。

案例　步骤

01 → 打开附赠资源中的"素材文件"/"第7章"/"胶囊"和"楼"素材，如图7-26所示。

02 → 使用 ⊕.(移动工具)，拖曳"楼"中的图像到"胶囊"文档中，此时"楼"中的图像会出现在"胶囊"文档的"图层1"中，按Ctrl+T键调出变换框，拖曳控制点将图像缩小，如图7-27所示。

图7-26　打开"胶囊"和"楼"素材图片　　　　　　　　　　图7-27　变换图像

03 → 调整完毕，按Enter键确定。执行菜单"图层"/"蒙版"/"显示全部"命令，此时在"图层1"上便会出现一个白色蒙版缩略图，将"背景色"设置为黑色，选择 ◢.(橡皮擦工具)，设置相应的橡皮擦画笔的"大小"和"硬度"，如图7-28所示。

04 → 设置"混合模式"为"变暗"，使用 ◢.(橡皮擦工具)在图像中涂抹，此时Photoshop会自动对空白蒙版进行编辑，效果如图7-29所示。

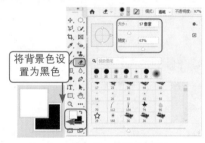
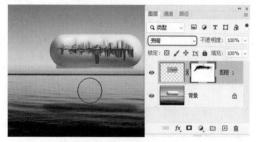

图7-28　设置橡皮擦　　　　　　　　　　图7-29　使用橡皮擦涂抹图像

05 → 反复调整橡皮擦画笔的"大小"和"硬度"，在蒙版中进行更加细致的处理，编辑过程如图7-30所示。

图7-30　橡皮擦编辑蒙版

06 → 图像编辑完毕，蒙版中出现了黑白对比的效果，如图7-31所示。

07 → 至此本例制作完成，效果如图7-32所示。

图7-31　蒙版图　　　　　　　　　　　　　　图7-32　最终效果

案例62　选区编辑蒙版：合成阴森夜景

通过制作如图7-33所示的流程效果图，掌握通过选区编辑蒙版的方法。

教学视频

图7-33　流程图

案例　重点

- 使用"魔棒工具"调出背景选区。
- 使用"多边形套索工具"添加选区。
- 添加图层蒙版。
- 使用"色相/饱和度"和"亮度/对比度"命令，调整图像的色调和亮度。
- 绘制羽化选区。
- 设置图层"混合模式"。

案例　步骤

01 → 打开附赠资源中的"素材文件"/"第7章"/"月夜"和"建筑2"素材，如图7-34和图7-35所示。

02 → 使用 ⊕ (移动工具)，将"建筑2"素材拖曳至"月夜"素材中。选择 ✤ (魔棒工具)，设置"容差"为65，勾选"连续"复选框，在蓝色背景上单击调出选区，如图7-36所示。

图7-34　打开"月夜"素材图片　　　图7-35　打开"建筑2"素材图片　　　图7-36　调出选区

03 → 选择 (多边形套索工具)，按住Shift键在城堡的左侧边缘创建选区，将其添加到现有选区中，如图7-37所示。

04 → 按Ctrl+Shift+I键将选区反选，再单击"图层"面板中的"添加图层蒙版"按钮 ，为"图层1"图层添加图层蒙版，按Ctrl+T键调出变换框，拖曳控制点将图像缩小，如图7-38所示。

图7-37 添加选区

图7-38 变换蒙版

05 → 按Enter键确定，选择图像缩略图，执行菜单"图像"/"调整"/"色相/饱和度"命令，弹出"色相/饱和度"对话框，设置"色相"为175、"饱和度"为-65、"明度"为-6，如图7-39所示。

06 → 设置完毕，单击"确定"按钮，效果如图7-40所示。

07 → 执行菜单"图像"/"调整"/"亮度/对比度"命令，弹出"亮度/对比度"对话框，设置"亮度"为-25、"对比度"为50，如图7-41所示。

图7-39 "色相/饱和度"对话框

图7-40 调整色调

图7-41 "亮度/对比度"对话框

08 → 设置完毕，单击"确定"按钮，效果如图7-42所示。

09 → 新建"图层2"，将"前景色"设置为深蓝色，选择 (多边形套索工具)，单击"添加到选区"按钮，设置"羽化"为10像素，使用 (多边形套索工具)在城堡的阴面创建选区，按Alt+Delete键填充前景色，效果如图7-43所示。

图7-42 调整"亮度/对比度"的效果

图7-43 创建并填充选区

10 → 按Ctrl+D键取消选区，再设置"混合模式"为"强光"，效果如图7-44所示。

11 → 至此本例制作完成，效果如图7-45所示。

图7-44 设置混合模式　　　　　　　　　　　　图7-45 最终效果

案例63　将通道作为选区载入：公益海报

通过制作如图7-46所示的流程效果图，掌握如何在通道中调出图像选区。

教学视频

图7-46 流程图

案例 重点

- "文字工具"的应用。
- "将通道作为选区载入"的应用。
- "存储选区"菜单命令的应用。

案例 步骤

01 → 打开附赠资源中的"素材文件"/"第7章"/"绿地"素材，如图7-47所示。

02 → 使用工具箱中的 T.(横排文字工具)，在图像上输入文字，效果如图7-48所示。

03 → 按住Ctrl键单击文字

图7-47 打开素材图片　　　　　　图7-48 输入文字

图层缩览图，调出文字选区，执行菜单"选择/存储选区"命令，弹出"存储选区"对话框，设置参数，如图7-49所示。

04 → 设置完毕，单击"确定"按钮，将选区存储在通道中，按Ctrl+D键取消选区，如图7-50所示。

05 → 在"通道"面板中选择"文字选区"通道，单击"将通道作为选区载入"按钮 ◌ ，调出该通道的选区，如图7-51所示。

图7-49　设置"存储选区"参数

图7-50　存储选区

图7-51　调出选区

06 → 单击"通道"面板上的RGB通道，返回"图层"面板，单击"图层"面板中的"创建新图层"按钮 ⊡，新建"图层1"图层，并将其拖曳到"背景"图层上方，执行菜单"编辑"/"描边"命令，设置描边的"宽度"为3像素，"颜色"为RGB(255、255、255)，"位置"为"居中"，如图7-52所示。

图7-52　"描边"对话框

07 → 设置完毕，单击"确定"按钮，按Ctrl+D键取消选区。至此本例制作完成，效果如图7-53所示。

图7-53　最终效果

案例64　分离与合并通道：不同色调的图像

教学视频

通过制作如图7-54所示的流程效果图，掌握分离与合并通道的方法。

图7-54　流程图

案例　重点

● 使用"分离通道"命令对通道进行分离。

● 使用"合并通道"命令对通道进行合并。

案例　步骤

01 → 打开附赠资源中的"素材文件"/"第7章"/"锦盒"素材，如图7-55所示。

02 → 在"通道"面板中，单击右上角的菜单按钮，在弹出的下拉菜单中选择"分离通道"命令，如图7-56所示。

图7-55　打开素材图片

图7-56　选择"分离通道"命令

03 → 在"分离通道"对话框中，将图像分离成红、绿、蓝3个单独的通道，效果如图7-57所示。

"红"通道　　　　　　　"绿"通道　　　　　　　"蓝"通道

图7-57　分离通道

04 → 在"通道"面板中，单击右上角的菜单按钮，在弹出的下拉菜单中选择"合并通道"命令，如图7-58所示。

05 → 在"合并通道"对话框中，选择"模式"下拉列表中的"RGB颜色"选项，设置"通道"数为3，如图7-59所示。

06 → 设置完毕，单击"确定"按钮，弹出"合并RGB通道"对话框，设置参数，如图7-60所示。

图7-58　选择"合并通道"命令　　　图7-59　"合并通道"对话框　　　图7-60　设置"合并RGB通道"参数

07 → 设置完毕，单击"确定"按钮，完成通道的合并，效果如图7-61所示。在"合并RGB通道"对话框中的3个指定通道的顺序是可以任意设置的，顺序不同，图像合并的颜色效果也不尽相同。分别保存文件，至此本例制作完成，如图7-62所示。

图7-61　合并效果　　　图7-62　最终效果

技巧

使用"分离通道"与"合并通道"命令更改图像颜色信息的方法相对比较简单，并且变化也较少。如果图像模式为RGB，产生的效果数量为3的立方；如果图像模式为CMYK，则产生的效果数量为4的4次方，依此类推。

案例65　通道抠图：喵星人抠图

教学视频

通过制作如图7-63所示的效果图，掌握通道抠图的方法。

图7-63　效果图

案例 重点

- 复制通道。
- 应用"色阶"命令调整黑白对比度。
- 调出选区并转换到"图层"面板中复制选区内容。
- 通过"套索工具"和"亮度/对比度"命令调亮图像局部。

案例 步骤

01 → 打开附赠资源中的"素材文件"/"第7章"/"猫咪"素材，如图7-64所示。

02 → 在"通道"面板中，拖曳白色较明显的"红"通道到"创建新通道"按钮上，得到"红拷贝"通道，如图7-65所示。

03 → 执行菜单"图像"/"调整"/"色阶"命令，弹出"色阶"对话框，设置参数，如图7-66所示。

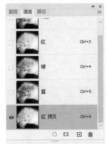

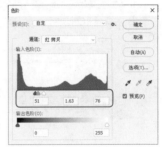

图7-64 打开素材图片　　　　图7-65 复制通道　　　　图7-66 设置"色阶"参数

04 → 设置完毕，单击"确定"按钮，效果如图7-67所示。

05 → 使用 ⬭(套索工具)，在猫咪的眼睛处和猫咪趴着的位置创建选区，并填充白色，效果如图7-68所示。

06 → 按住Ctrl键的同时单击"红 拷贝"通道，调出选区，转换到"图层"面板中，按Ctrl+J键得到"图层1"，效果如图7-69所示。

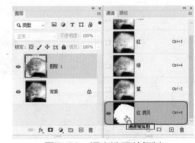

图7-67 色阶调整效果　　　　图7-68 填充白色　　　　图7-69 调出选区并复制

07 → 在"图层1"的下面新建"图层2"，并将其填充为"淡蓝色"，效果如图7-70所示。

08 → 选择"图层1"，使用 ⬭(套索工具)，设置"羽化"为15像素，在猫咪的边缘创建选区，如图7-71所示。

图7-70 新建并填充图层　　　　图7-71 创建选区

09 → 执行菜单"图像"/"调整"/"亮度/对比度"命令，弹出"亮度/对比度"对话框，设置"亮度"为150、"对比度"为-41，如图7-72所示。

10 → 设置完毕，单击"确定"按钮，此时会发现边缘效果还是不理想，使用 ◯(套索工具)继续在猫咪的边缘创建选区，效果如图7-73所示。

11 → 执行菜单"图像"/"调整"/"亮度/对比度"命令，弹出"亮度/对比度"对话框，设置"亮度"为95、"对比度"为23，如图7-74所示。

图7-72 设置"亮度/对比度"参数　　图7-73 继续创建选区

12 → 设置完毕，单击"确定"按钮。依次在边缘上创建选区并将其调亮。至此本例制作完成，效果如图7-75所示。

图7-74 调整"亮度/对比度"参数　　图7-75 最终效果

案例66　通道应用滤镜：撕边效果

教学视频

通过制作如图7-76所示的效果图，掌握如何在通道中运用滤镜。

图7-76 效果图

案例 重点

● 新建通道并创建选区。

● 使用"喷溅"滤镜制作撕边效果。

案例 步骤

01 → 打开附赠资源中的"素材文件"/"第7章"/"景色"素材，如图7-77所示。

02 → 在工具箱中设置"前景色"为白色，单击"通道"面板中的"创建新通道"按钮 ▣，新建Alpha1通道。选择工具箱中的 ✦(画笔工具)，在Alpha1通道中进行涂抹，如图7-78所示。

图7-77 打开素材图片

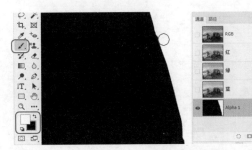

图7-78 新建并编辑通道

03 → 执行菜单"滤镜"/"滤镜库"命令,在对话框中选择"画笔描边"/"喷溅"选项,在"喷溅"对话框中设置"喷色半径"为5、"平滑度"为4,如图7-79所示。

04 → 设置完毕,单击"确定"按钮,效果如图7-80所示。

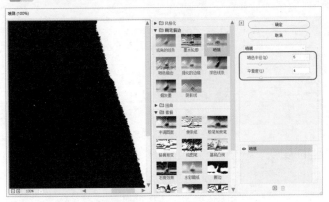

图7-79 设置"喷溅"参数

图7-80 喷溅效果

05 → 按住Ctrl键单击Alpha1通道缩览图,调出该通道选区,切换到"图层"面板中,拖曳"背景"图层至"创建新图层"按钮 ◻ ,复制"背景"图层得到"背景 拷贝"图层,按Delete键清除选区中的图像,如图7-81所示。

06 → 按Ctrl+D键取消选区,选择"背景"图层,按Alt+Delete键为"背景"图层填充前景色,选择"背景 拷贝"图层,执行菜单"图层"/"图层样式"/"投影"命令,在弹出的"图层样式"对话框中,对"投影"图层样式进行设置,如图7-82所示。

07 → 设置完毕,单击"确定"按钮。至此本例制作完成,效果如图7-83所示。

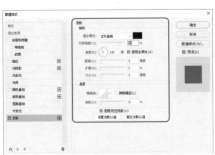

图7-81 清除图像

图7-82 设置"投影"样式

图7-83 最终效果

技巧

在"通道"面板中，新建Alpha1通道后，将"前景色"设置为白色，使用"画笔工具"绘制白色区域，白色区域就是图层中的选区范围。

技巧

进入快速蒙版模式，使用"画笔工具"绘制撕掉的部分，然后返回到标准模式再执行"图层蒙版"命令，同样可以出现上面的效果。

本章全面讲解Photoshop蒙版和通道的应用技巧，内容涉及蒙版和通道的概念、图层蒙版、快速蒙版等。

本章练习

练习

使用"渐变工具"对图层蒙版进行编辑。

习题

1. Photoshop中存在＿＿＿＿不同类型的通道。
   A. 颜色信息通道　　　B.专色通道　　　　C. Alpha通道　　　D. 蒙版通道
2. 向根据Alpha通道创建的蒙版中添加区域，在绘制时用＿＿＿＿更加明显。
   A. 黑色　　　　　　B. 白色　　　　　　C. 灰色　　　　　D. 透明色
3. 图像中的默认颜色通道数量取决于图像的颜色模式，如一个RGB图像中至少存在＿＿＿＿个颜色通道。
   A. 1　　　　　　　B. 2　　　　　　　C. 3　　　　　　D. 4
4. 在图像中创建选区后，单击"通道"面板中的◻按钮，可以创建一个＿＿＿＿通道。
   A. 专色　　　　　　B. Alpha　　　　　C. 选区　　　　　D. 蒙版

第8章

文字特效编辑与应用

一幅好的图像作品通常离不开文字的参与，好的文字效果可以在设计中起到画龙点睛的作用。本章带领大家学习使用Photoshop制作文字特效的方法与技巧，使大家了解平面设计中文字的魅力。

案例67　玉石字

教学视频

通过制作如图8-1所示的流程效果图，掌握使用"样式"面板添加图层样式的方法。

图8-1　流程图

案例　重点

- 填充渐变背景。
- 通过"高斯模糊"命令制作投影效果。
- 对图层样式进行相应的调整。
- 变换图像与设置"混合模式"。
- 应用"样式"面板快速添加图层样式。

案例　步骤

01 → 执行菜单"文件"/"新建"命令，弹出"新建文档"对话框，设置参数，如图8-2所示。

02 → 设置"前景色"为墨绿色，"背景色"为淡绿色，选择 ▣ (渐变工具)，设置"渐变样式"为"线性渐变"，"渐变类型"为"从前景色到背景色"，从左上角向右下角拖曳鼠标填充渐变色，如图8-3所示。

03 → 打开附赠资源中的"素材文件"/"第8章"/"龙纹"素材，如图8-4所示。

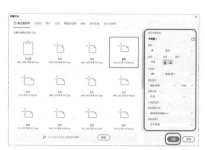

图8-2　新建并设置文档

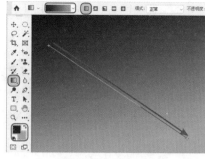

图8-3　填充渐变色

图8-4　打开"龙纹"素材图片

04 → 使用 (移动工具)，拖曳"龙纹"素材中的图像到新建的文档中，在"图层"面板中会自动得到"图层1"图层，设置"混合模式"为"叠加"，"不透明度"为90%，按Ctrl+T键调出变换框，拖曳控制点对图像进行适当缩放，如图8-5所示。

05 → 按Enter键确定，执行菜单"图层"/"图层样式"/"投影"命令，弹出"图层样式"对话框，设置"投影"的参数，如图8-6所示。

06 → 设置完毕，单击"确定"按钮，效果如图8-7所示。

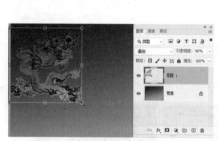

图8-5　新建图层并设置图像

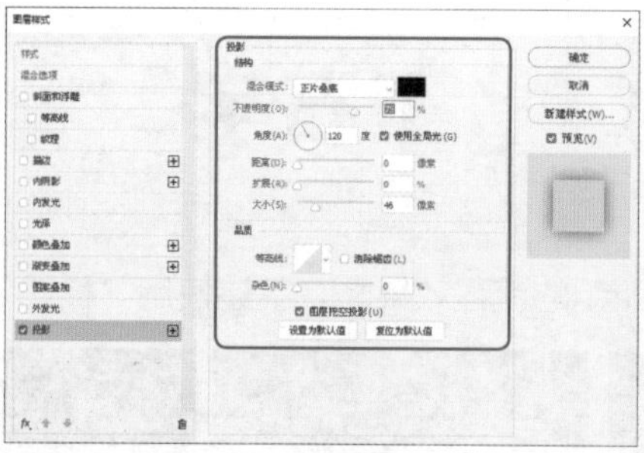

图8-6　设置"投影"样式

图8-7　添加投影效果

07 → 打开附赠资源中的"素材文件"/"第8章"/"玉壶"素材，如图8-8所示。

08 → 使用 (移动工具)，拖曳"玉壶"素材中的图像到新建的文档中，在"图层"面板中会自动得到"图层2"图层，按Ctrl+T键调出变换框，拖曳控制点将图像进行适当的缩放，如图8-9所示。

09 → 按Enter键确定，复制"图层2"得到"图层2 拷贝"图层，设置"混合模式"为"叠加"、"不透明度"为60%，按Ctrl+T键调出变换框，拖曳控制点将图像放大，按Enter键确定，如图8-10所示。

图8-8　打开"玉壶"素材图片

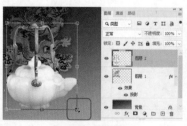

图8-9　变换图像

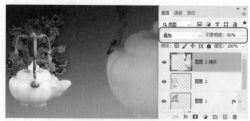

图8-10　变换复制的图像

10 → 新建"图层3"，选择 (椭圆选框工具)，设置"羽化"为15像素，在页面中绘制一个椭圆选区，按Alt+Delete键填充前景色，如图8-11所示。

11 → 按Ctrl+D键取消选区，执行菜单"滤镜"/"模糊"/"高斯模糊"命令，弹出"高斯模糊"对话框，设置"半径"为20.5像素，如图8-12所示。

12 → 设置完毕，单击"确定"按钮，调整一下不透明度，按Ctrl+T键调出变换框，按住Ctrl键的同时拖曳控制点变换图像，如图8-13所示。

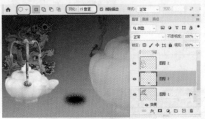

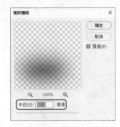

图8-11 填充选区　　　　　图8-12 设置"高斯模糊"参数　　　　图8-13 调整和变换图像

13 → 按Enter键确定，完成背景的制作，效果如图8-14所示。

14 → 下面讲解文字特效的制作过程，使用"文字工具"在页面中输入文字"玉"，如图8-15所示。

15 → 打开"样式"面板，选择"蓝色玻璃"选项，为文字添加图层样式，如图8-16所示。

图8-14 背景效果　　　　　图8-15 输入文字　　　　　图8-16 添加样式

16 → 在"图层"面板中，双击文字图层内的图层样式，如图8-17所示。

17 → 打开对应的"图层样式"对话框，对其中的参数进行调整，依次调整"内发光""斜面和浮雕""等高线""颜色叠加"和"渐变叠加"等图层样式，如图8-18～图8-22所示。

图8-17 双击图层样式　　　图8-18 设置"内发光"样式　　图8-19 设置"斜面和浮雕"样式

18 → 设置完毕，再执行菜单"图层"/"图层样式"/"投影"命令，弹出"图层样式"对话框，设置"投影"参数，如图8-23所示。

19 → 设置完毕，单击"确定"按钮，使用 T.(横排文字工具)，选择自己喜欢的文字字体、文字大小和文字颜色，在页面中输入相应的文字。至此本例制作完成，效果如图8-24所示。

图8-20 设置"等高线"样式

图8-21 设置"颜色叠加"样式

图8-22 设置"渐变叠加"样式

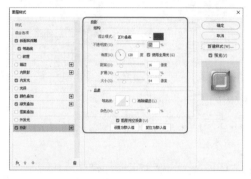

图8-23 设置"投影"样式

图8-24 最终效果

案例68 超强立体字

教学视频

通过制作如图8-25所示的流程效果图，掌握"键盘复制"操作的方法。

图8-25 流程图

案例 重点

- 应用"云彩""铬黄渐变"和"光照效果"命令，初步制作背景。
- 打开素材，调出文字选区，将选区内的素材复制备用。
- 应用"变换"命令变换图像。
- 为文字添加"斜面和浮雕""渐变叠加"等图层样式。
- 按住Alt键再按上方向键进行复制。
- 通过"亮度/对比度"命令调整图像像素的亮度。

案例 步骤

01 → 执行菜单"文件"/"新建"命令，弹出"新建文档"对话框，设置参数，如图8-26所示。

02 → 设置"前景色"为白色，"背景色"为土灰色，执行菜单"滤镜"/"渲染"/"云彩"命令，如图8-27所示。

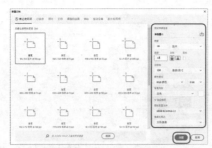

图8-26 新建并设置文档

图8-27 选择"云彩"命令

03 → 执行菜单"滤镜"/"滤镜库"命令，在对话框中选择"素描"/"铬黄渐变"选项，在"铬黄渐变"变"对话框中设置"细节"为7、"平滑度"为6，如图8-28所示。

04 → 设置完毕，单击"确定"按钮，效果如图8-29所示。

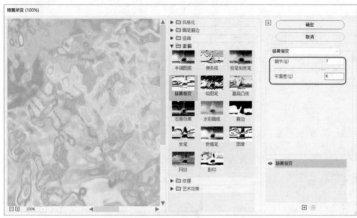

图8-28 "铬黄渐变"对话框

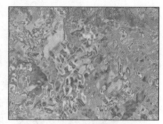

图8-29 添加铬黄渐变效果

05 → 执行菜单"滤镜"/"渲染"/"光照效果"命令，弹出"光照效果"属性面板，拖曳左边的光源控制点调整光照方向，再设置相应的参数，如图8-30所示。

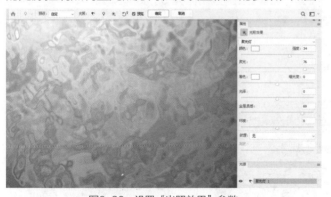

图8-30 设置"光照效果"参数

06 → 设置完毕，单击"确定"按钮，效果如图8-31所示。

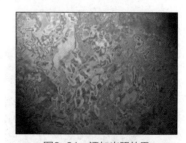

图8-31 添加光照效果

07 → 执行菜单"图像"/"调整"/"亮度/对比度"命令，弹出"亮度/对比度"对话框，设置"亮度"为-2、"对比度"为21，如图8-32所示。

08 → 设置完毕，单击"确定"按钮，效果如图8-33所示。

09 → 在"图层"面板中，单击"创建新的填充或调整图层"按

图8-32 设置"亮度/对比度"参数

图8-33 设置"亮度/对比度"效果

钮，在弹出的菜单中选择"渐变映射"命令，如图8-34所示。

10 → 在"渐变映射"属性面板，单击"渐变颜色条"，弹出"渐变编辑器"对话框，设置渐变颜色从左到右依次为黑色、橙色、黄色和白色，如图8-35所示。

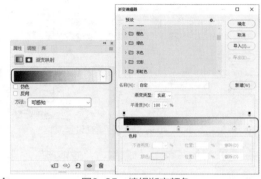

图8-34　选择"渐变映射"命令　　　　图8-35　编辑渐变颜色

11 → 设置完毕，单击"确定"按钮，效果如图8-36所示。

12 → 选择"背景"图层，执行菜单"图像"/"调整"/"曲线"命令，弹出"曲线"对话框，调整曲线上的控制点，如图8-37所示。

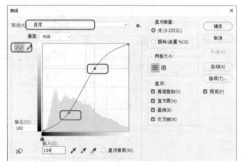

图8-36　添加渐变映射　　　　　　图8-37　设置"曲线"参数

13 → 设置完毕，单击"确定"按钮，至此本例的背景部分制作完成，效果如图8-38所示。

14 → 下面讲解超强立体字的制作过程，打开附赠资源中的"素材文件"/"第8章"/"纹理-FlakedMetal"素材，如图8-39所示。

15 → 使用 **T.**(横排文字工具)，在页面中输入文字"凤凰"，按住Ctrl键单击文字图层的缩略图，调出选区，如图8-40所示。

图8-38　背景效果　　　　图8-39　打开素材图片　　　图8-40　输入文字并调出选区

16 → 选择素材文件的背景图层，按Ctrl+C键复制选区内容，再转换到新建的文档中，按Ctrl+V键将复制的像素粘贴到新建文档中并得到"图层1"，如图8-41所示。

17 → 执行菜单"滤镜"/"渲染"/"光照效果"命令，弹出"光照效果"属性面板，拖曳左边的光源控制点调整光照方向，再设置相应的参数值，如图8-42所示。

18 → 设置完毕，单击属性栏中的"确定"按钮，效果如图8-43所示。

19 → 按Ctrl+T键调出变换框，按住Ctrl键拖曳控制点，对文字图像进行扭曲变换，如图8-44所示。

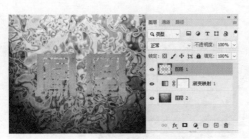

图8-41 复制并粘贴选区内容

图8-42 设置"光照效果"参数

20 → 执行菜单"图层"/"图层样式"/"斜面和浮雕"命令，弹出"图层样式"对话框，设置"斜面和浮雕"参数，如图8-45所示。

21 → 在"图层样式"对话框的左侧，勾选"等高线"复选框，设置"等高线"参数，如图8-46所示。

图8-43 添加光照

图8-44 变换图像

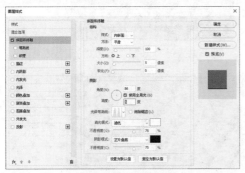

图8-45 设置"斜面和浮雕"样式

图8-46 设置"等高线"样式

22 → 在"图层样式"对话框的左侧，勾选"渐变叠加"复选框，设置"渐变叠加"参数，如图8-47所示。

23 → 设置完毕，单击"确定"按钮，效果如图8-48所示。

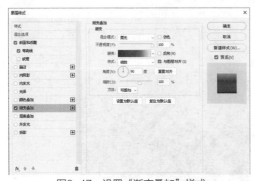

图8-47 设置"渐变叠加"样式

图8-48 添加图层样式效果

24 → 新建"图层2"，按住Shift键将"图层2"和"图层1"一同选取，按Ctrl+E键将其合并，如图8-49所示。

25 → 按住Alt键的同时单击上方向键27次，得到28个向上复制一个像素的图层图像，效果如图8-50所示。

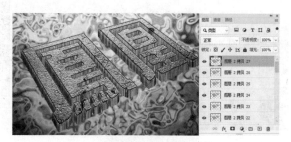

图8-49　合并图层　　　　　　　　　　　　　　　　　　图8-50　复制图层

26 → 将"图层2"至"图层2拷贝25"一同选取，按Ctrl+E键将其合并为一个图层，执行菜单"图像"/"调整"/"亮度/对比度"命令，弹出"亮度"/"对比度"对话框，设置"亮度"为-50、"对比度"为100，如图8-51所示。

27 → 设置完毕，单击"确定"按钮，效果如图8-52所示。

28 → 按住Ctrl键的同时，单击"图层2拷贝27"图层的缩略图，调出选区，再选择"背景"图层，如图8-53所示。

图8-51　设置"亮度/对比度"参数　　　　　图8-52　设置"亮度/对比度"效果

29 → 按住Ctrl+J键，将选区内的图像复制到新建"图层1"中，将"图层1"调整到最顶层，设置"混合模式"为"点光"，如图8-54所示。

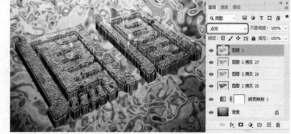

图8-53　调出选区　　　　　　　　　　图8-54　设置混合模式

30 → 选择"图层2拷贝27"图层，执行菜单"图像"/"调整"/"亮度/对比度"命令，弹出"亮度/对比度"对话框，设置"亮度"为44、"对比度"为18，如图8-55所示。

31 → 设置完毕，单击"确定"按钮，再使用"文字工具"输入其他相应的文字。至此本例制作完成，效果如图8-56所示。

图8-55　再次设置"亮度/对比度"参数　　　　图8-56　最终效果

案例69 **特效边框字**

教学视频

通过制作如图8-57所示的流程效果图，掌握"分层云彩""色阶""曲线"命令的使用方法。

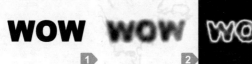

图8-57 流程图

案例 重点

- 使用"横排文字工具"输入文字。
- 使用"分层云彩"命令制作效果。
- 使用图层"混合模式""色阶"和"曲线"命令调整图像。

案例 步骤

01 → 执行菜单"文件"/"新建"命令，弹出"新建文档"对话框，设置参数，如图8-58所示。

02 → 在"图层"面板中单击"创建新图层"按钮 回，新建"图层1"图层，在工具箱中设置"前景色"颜色值为RGB(255、255、255)，按Alt+Delete键填充前景色，如图8-59所示。

03 → 使用 **T.**(横排文字工具)，在画布中输入文字，如图8-60所示。

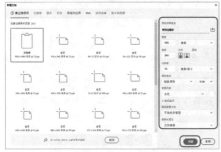

图8-58 新建并设置文档

图8-59 新建图层

WOW

图8-60 输入文字

04 → 按Ctrl+E键向下合并图层，并将该层隐藏，如图8-61所示。

05 → 选择"背景"图层，单击"创建新组"按钮 回，新建"组1"，选择刚刚新建的组，单击"创建新图层"按钮 回，新建图层，并将其重命名为"云彩"，如图8-62所示。

06 → 选择该图层，按D键恢复默认前景色和背景色，执行菜单"滤镜"/"渲染"/"云彩"命令，效果如图8-63所示。

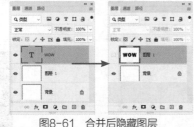

图8-61 合并后隐藏图层

图8-62 命名图层

图8-63 云彩效果

07 → 执行菜单"滤镜"/"渲染"/"分层云彩"命令，对"云彩"图层应用该滤镜，并按

Alt+Ctrl+F键，重复使用该滤镜。具体使用的次数随个人喜好而定，直到获得满意的效果为止。图8-64为应用4次"分层云彩"命令后的效果。

08→ 拖曳"图层 1"图层到"创建新图层"按钮 回，复制该图层，并将复制的图层拖曳至"组 1"图层组中，位于"云彩"图层之上，同时单击眼睛图标，显示该图层，如图8-65所示。

09→ 执行菜单"滤镜"/"模糊"/"高斯模糊"命令，弹出"高斯模糊"对话框，设置"半径"为8像素，如图8-66所示。

10→ 设置完毕，单击"确定"按钮，效果如图8-67所示。

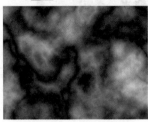   

图8-64　分层云彩效果　　图8-65　复制并显示图层　　图8-66　设置"高斯模糊"参数　　图8-67　模糊效果

11→ 选择"图层1 拷贝"图层，设置"不透明度"为60%，效果如图8-68所示。

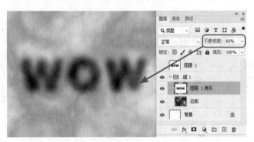

图8-68　设置不透明度

技 巧

　　这一步是比较关键的，它将影响到最终的图片效果。通过调整该图层的不透明度来实现不同的效果，图层不透明度越低(即透明效果越明显)，文字(或图案)越呈现出不规则的扭曲效果，图层不透明度越高，文字(或图案)则越规则、越容易识别，但同时效果也会大打折扣。所以，我们需要在两者之间选择一个平衡点。

12→ 选择"图层 1 拷贝"图层，执行菜单"图层"/"新建调整图层"/"色阶"命令(或者单击"图层"面板中的"创建新的填充和调整图层"按钮 ●，选择"色阶"命令)，在弹出的"色阶"属性面板中，将右边的白色滑块向左拖曳至输入色阶发生突变的位置附近，并注意观察图像的变化，如图8-69所示。

13→ 调整色阶后，效果如图8-70所示。

14→ 执行菜单"图层"/"新建调整图层"/"曲线"命令(或者单击"图层"面板中的"创建新的填充和调整图层"按钮 ●，选择"曲线"命令)，在弹出的"曲线"属性面板中，调整曲线，如图8-71所示。

15→ 调整曲线后，效果如图8-72所示。

图8-69　设置"色阶"参数　　图8-70　色阶调整效果　　图8-71　调整曲线　　图8-72　曲线调整效果

16 → 执行菜单"图层"/"新建调整图层"/"色阶"命令，弹出"色阶"属性面板，分别将"红""绿""蓝""RGB"通道调整成如图8-73所示的状态。

17 → 调整后，效果如图8-74所示。

图8-73　调整各通道色阶

图8-74　通道色阶调整效果

18 → 在"图层"面板中，将"组 1"拖曳至"创建新图层"按钮 ，复制图层组，并将复制的图层组重命名为"组 2"，同时将该图层组的图层"混合模式"设置为"滤色"，如图8-75所示。

19 → 展开"组 2"，选择该组下的"云彩 拷贝"图层，执行菜单"滤镜"/"渲染"/"分层云彩"命令，按Alt+Ctrl+F键重复使用该滤镜，可以获得不同的效果，如图8-76所示。

20 → 使用相同的方法，再复制一次"组 1"，重命名为"组 3"，同样将图层组的"混合模式"设置为"滤色"。选择该图层组下的"文字 拷贝 3"图层，执行菜单"滤镜"/"模糊"/"高斯模糊"命令，弹出"高斯模糊"对话框，设置"半径"为50像素，如图8-77所示。

21 → 设置完毕，单击"确定"按钮。至此本例制作完成，效果如图8-78所示。

图8-75　设置混合模式　　　图8-76　云彩效果　　　图8-77　设置"高斯模糊"参数　　　图8-78　最终效果

案例70　逆光字

教学视频

通过制作如图8-79所示的流程效果图，掌握"渐变映射"命令的使用方法。

图8-79　流程图

案例 重点

- 应用"光照效果"命令制作背景。
- 输入文字，合并图层，应用"高斯模糊""色阶"命令调整图像。
- 为图层添加"渐变映射"调整图层。

案例 步骤

01 → 执行菜单"文件"/"新建"命令或按Ctrl+N键，弹出"新建文档"对话框，设置文件的"宽度"为18厘米、"高度"为13厘米、"分辨率"为150像素/英寸，选择"颜色模式"为"RGB颜色"，选择"背景内容"为"白色"，单击"创建"按钮，如图8-80所示。

02 → 执行菜单"滤镜"/"渲染"/"光照效果"命令，弹出"光照效果"属性面板，拖曳左边的光源控制点调整光照方向，再设置相应的参数值，如图8-81所示。

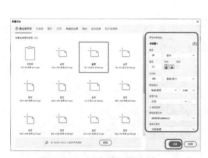

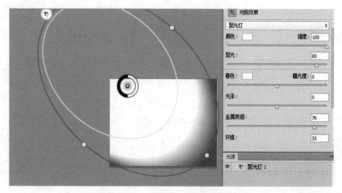

图8-80 新建并设置文档　　　　　　　　　　图8-81 设置"光照效果"参数

03 → 设置完毕，单击"确定"按钮，效果如图8-82所示。

04 → 使用 T.(横排文字工具)，在页面中输入文字，按Ctrl+T键调出变换框，拖曳控制点将文字进行适当旋转，如图8-83所示。

05 → 按Enter键确定，将输入的文字图层选取，按Ctrl+E键将文字图层合并。执行菜单"滤镜"/"模糊"/"高斯模糊"命令，弹出"高斯模糊"对话框，设置"半径"为4.8像素，如图8-84所示。

图8-82 光照效果　　　　　　　图8-83 输入并变换文字　　　　　图8-84 设置"高斯模糊"参数

06 → 设置完毕，单击"确定"按钮，效果如图8-85所示。

07 → 执行菜单"图像"/"调整"/"色阶"命令，弹出"色阶"对话框，设置参数，如图8-86所示。

08 → 设置完毕，单击"确定"按钮，效果如图8-87所示。

图8-85 模糊效果　　　　　　图8-86 设置"色阶"参数　　　　　　图8-87 调整色阶效果

09 → 在"图层"面板中，单击"创建新的填充或调整图层"按钮，在弹出的菜单中选择"渐变映射"命令，如图8-88所示。

10 → 在弹出的"渐变映射"属性面板中，单击"渐变颜色条"，弹出"渐变编辑器"对话框，设置渐变颜色从左到右依次为黑色、紫红色、橙色和白色，如图8-89所示。

11 → 设置完毕，单击"确定"按钮。至此本例制作完成，效果如图8-90所示。

图8-88 选择"渐变映射"命令　　　　图8-89 设置渐变颜色　　　　图8-90 最终效果

案例71 电波字

教学视频

通过制作如图8-91所示的流程效果图，掌握"风"命令的应用方法。

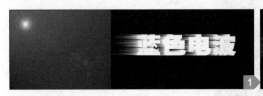

图8-91 流程图

案例 重点

- 应用"光照效果""镜头光晕"命令制作背景。
- 应用"风"命令结合旋转画布制作波纹。
- 为图层添加"渐变映射"调整图层。
- 设置混合模式。

案例 步骤

01 → 执行菜单"文件"/"新建"命令或按Ctrl+N键，弹出"新建文档"对话框，设置文件的"宽度"为18厘米、"高度"为13.5厘米、"分辨率"为150像素/英寸，选择"颜色模式"为"RGB颜色"，选择"背景内容"为"背景色"，单击"创建"按钮，如图8-92所示。

02 → 将"背景色"设置为深蓝色，按Ctrl+Delete键填充背景色。执行菜单"滤镜"/"渲染"/"光照效果"命令，弹出"光照效果"属性面板，拖曳左边的光源控制点调整光照方向，再设置相应的参数值，如图8-93所示。

03 → 设置完毕，单击"确定"按钮，效果如图8-94所示。

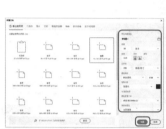
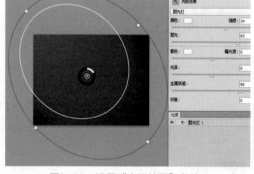

图8-92　新建并设置文档　　　　图8-93　设置"光照效果"参数　　　　图8-94　光照效果

04 → 执行菜单"滤镜"/"渲染"/"镜头光晕"命令，弹出"镜头光晕"对话框，拖曳预览框中的光源调整光照位置，选中"50-300毫米变焦"单选按钮，设置"亮度"为100%，如图8-95所示。

05 → 设置完毕，单击"确定"按钮，背景制作完毕，效果如图8-96所示。

06 → 下面讲解特效字的制作，执行菜单"文件"/"新建"命令或按Ctrl+N键，弹出"新建文档"对话框，设置文件的"宽度"为18厘米、"高度"为10厘米、"分辨率"为150像素/英寸，选择"颜色模式"为"RGB颜色"，选择"背景内容"为"白色"，然后单击"创建"按钮，如图8-97所示。

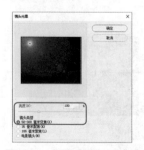

图8-95　设置"镜头光晕"参数　　　　图8-96　背景效果　　　　图8-97　创建和设置文档

07 → 将"背景色"设置为黑色，按Ctrl+Delete键填充背景色，使用 **T.** (横排文字工具)在页面中输入白色文字"蓝色电波"，如图8-98所示。

08 → 复制文字图层，得到文字图层拷贝并将其隐藏，选择文字图层，按Ctrl+E键将其与背景图层合并，如图8-99所示。

图8-98　输入文字　　　　　　　　　　　　　图8-99　合并背景图层

09 → 执行菜单"滤镜"/"风格化"/"风"命令，弹出"风"对话框，选中"风"单选按钮和"从右"单选按钮，如图8-100所示。

10 → 设置完毕，单击"确定"按钮，再按Alt+Ctrl+F键几次以增强风效果，如图8-101所示。

11 → 执行菜单"滤镜"/"风格化"/"风"命令，弹出"风"对话框，选中"风"单选按钮和"从左"单选按钮，如图8-102所示。

图8-100　第一次设置"风"参数　　　　图8-101　风效果　　　　　图8-102　第二次设置"风"参数

12 → 设置完毕，单击"确定"按钮，再按Alt+Ctrl+F键几次以增强风效果，如图8-103所示。

13 → 执行菜单"图像"/"旋转画布"/"90度(顺时针)"命令，将画布整体旋转，如图8-104所示。

14 → 执行菜单"滤镜"/"风格化"/"风"命令，弹出"风"对话框，选中"风"单选按钮和"从右"单选按钮，如图8-105所示。

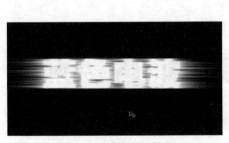

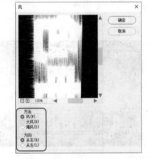

图8-103　增加的风效果　　　　图8-104　顺时针旋转画布　　　图8-105　第三次设置"风"参数

15 → 设置完毕，单击"确定"按钮，再按Alt+Ctrl+F键几次以增强风效果，如图8-106所示。

16 → 执行菜单"滤镜"/"风格化"/"风"命令，弹出"风"对话框，选中"风"单选按钮和"从左"单选按钮，如图8-107所示。

17 → 设置完毕，单击"确定"按钮，再按Ctrl+F键几次以增强风效果，如图8-108所示。

18 → 执行菜单"图像"/"旋转画布"/"90度(逆时针)"命令，将画布整体旋转，效果如图8-109所示。

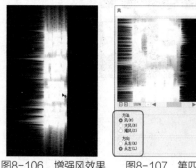

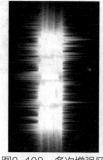
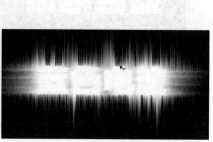

图8-106　增强风效果　　图8-107　第四次设置　　图8-108　多次增强风　　　图8-109　逆时针旋转画布
　　　　　　　　　　　　　　　　"风"参数　　　　　　　　　效果

19 → 在"图层"面板中，单击"创建新的填充或调整图层"按钮，在弹出的菜单中选择"渐变映射"命令，如图8-110所示。

20 → 在弹出的"渐变映射"属性面板中，单击"渐变颜色条"，弹出"渐变编辑器"对话框，设置渐变颜色从左到右依次为黑色、蓝色、黄色和白色，如图8-111所示。

图8-110　选择"渐变映射"命令　　　　　　　　图8-111　设置渐变颜色

21 → 设置完毕，单击"确定"按钮，效果如图8-112所示。

22 → 显示文字拷贝并更改文字颜色为蓝色，效果如图8-113所示。

图8-112　映射效果　　　　　　　　　　　图8-113　更改文字颜色

23 → 将图层合并，使用 ⊕ (移动工具)将整个图像拖曳至刚才制作的背景文档中，设置"混合模式"为"线性减淡"，效果如图8-114所示。

24 → 至此本例制作完成，效果如图8-115所示。

图8-114　设置混合模式

图8-115　最终效果

在Photoshop中创作平面作品时，文字是不可或缺的一部分，它不仅可以帮助大家快速了解作品所呈现出的主题，还可以在整个作品中充当重要的修饰元素。

本章练习

练习

沿路径创建文字。

习题

1. _____是可以调整依附路径文字位置的工具。

   A. 钢笔工具　　　　　　B. 矩形工具　　　　　　C. 形状工具　　　　　　D. 路径选择工具

2. _____可以创建文字选区。

   A. 横排文字蒙版工具　　　　　　　　　　B. 路径选择工具

   C. 直排文字工具　　　　　　　　　　　　D. 直排文字蒙版工具

3. _____样式为上标样式。

   A. $\underline{qq}$　　　　　B. q^q　　　　　C. qq　　　　　D. q_q

第9章 网页元素设计与制作

网页元素离不开按钮、文字和图像。本章主要讲解Photoshop在网页设计中的应用，具体介绍作为网页元素的按钮与图像的制作方法。

网页设计的3个基本要素是图像、文字和色彩。色彩决定网页的风格，而图像与文字的编排组合、版式布局直接影响信息传达的准确性，决定网页设计的成败。图像与文字的比例应该控制在图像占整个网页布局的20%～30%。

网页中的常见元素主要包括文字、图像、动画、声音、视频、超链接、表格、表单和各类控件等。

- 文字：文字能准确地表达信息的内容和含义，且同样信息量的文本字节往往比图像小，比较适合大信息量的网站。
- 图像：网页常用的图像格式有GIF、JPEG和PNG，其中使用最广泛的是GIF和JPEG。需注意的是，当用户使用网页设计软件在网页上添加其他非GIF、JPEG或PNG格式的图片并保存时，这些软件通常会自动将少于8位颜色的图片转化为GIF格式，或将多于8位颜色的图片转化为JPEG。另外，JPEG图片是静态图片，GIF则可以是动态图片。
- 动画：主要指由Animate软件制作的动画，由于其是准流媒体文件，加上矢量动画文件小，在网络中运行具有强大优势，是网页设计者必学的软件。
- 声音和视频：用于网络的声音文件的格式非常多，常用的有MIDI、WAV、MP3和AIF等。很多浏览器不需要插件也可以支持MIDI、WAV和AIF格式的文件，而MP3和RM格式的声音文件则需要专门的浏览器播放。视频文件均需要插件(如REALONE、MEDIA PLAYER)支持，用于网络的视频格式主要有ASF、WMV、RM等流媒体格式。
- 超链接：从一个网页指向另一个目的端的链接。
- 表格：用来控制网页中信息的布局方式。它主要包括两方面：①使用行和列的形式来布局文字和图像，以及其他的列表化数据；②精确控制各种网页元素在网页中出现的位置。
- 表单：用来接收用户在浏览器端输入的信息，然后将这些信息发送到用户设置的目标端。表单由不同功能的表单域组成，最简单的表单也要包含一个输入区域和一个提交按钮。根据表单功能与处理方式的不同，通常可以将表单分为用户反馈表单、留言簿表单、搜索表单和用户注册表单等类型。
- 导航栏：导航栏是一组超链接，这组超链接的目标就是本站点的主页和其他重要网页。导航栏的作用是引导浏览者游历站点，同时首页的导航栏对搜索引擎的收录具有重要的意义。

网页中除了以上几种常见的元素，还有其他元素，包括悬停按钮、Java特效、ActiveX等。它们不仅能点缀网页，使网页更活泼有趣，而且在网上娱乐、电子商务等方面也有着不可忽视的作用。

案例72　导航按钮

教学视频

通过制作如图9-1所示的流程效果图，掌握"矩形工具"和"图层样式"的应用方法。

图9-1　流程图

案例　重点

- 使用"矩形工具"绘制圆角矩形选区。
- 使用"描边""光泽""渐变叠加""内发光"和"投影"命令制作按钮效果。

案例　步骤

01 → 执行菜单"文件"/"新建"命令，弹出"新建文档"对话框，设置参数，如图9-2所示。

02 → 单击"创建"按钮，新建一个白色背景的空白文档。单击"图层"面板上的"创建新图层"按钮 回，新建"图层1"图层，如图9-3所示。

03 → 使用 □(矩形工具)，在画布上绘制圆角路径，按Ctrl+Enter键将路径转换为选区，如图9-4所示。

04 → 在工具箱中任意选择一种颜色，按Alt+Delete键填充前景色，如图9-5所示。

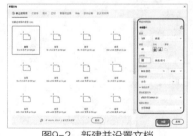

图9-2　新建并设置文档

图9-3　新建图层

提示

这里可以将所绘制的圆角矩形选区填充为任意一种颜色，因为在后面将会为按钮添加相应的图层样式，而在图层样式的设置中也会为按钮填充渐变的颜色。

图9-4　将路径转换为选区

图9-5　填充前景色

05 → 按Ctrl+D键取消选区，执行菜单"图层"/"图层样式"命令，弹出"图层样式"对话框，单击"投影"选项，设置"投影"样式，如图9-6所示。

06 → 在"图层样式"对话框中的左侧，单击"内发光"选项，设置"内发光"样式，如图9-7所示。

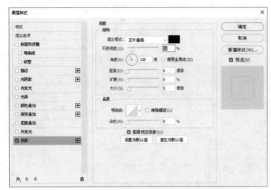

图9-6　设置"投影"样式

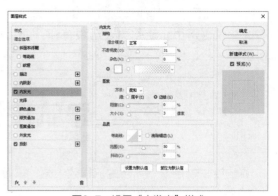

图9-7　设置"内发光"样式

07 → 在"图层样式"对话框中的左侧，单击"渐变叠加"选项，设置"渐变叠加"样式，单击"渐变颜色条"，弹出"渐变编辑器"对话框，从左向右分别设置渐变色标值为RGB(151、172、207)、RGB(18、12、100)、RGB(69、88、152)、RGB(142、162、228)，其他的参数设置如图9-8所示。

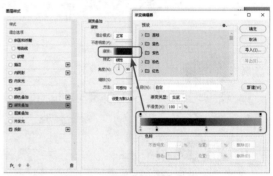

图9-8　设置"渐变叠加"样式

08 → 在"图层样式"对话框中的左侧，单击"光泽"选项，设置"光泽"样式，如图9-9所示。

09 → 在"图层样式"对话框中的左侧，单击"描边"选项，设置"描边"样式，单击"渐变颜色条"，弹出"渐变编辑器"对话框，从左向右分别设置渐变色标值为RGB(95、121、165)、RGB(174、206、255)，其他的参数设置如图9-10所示。

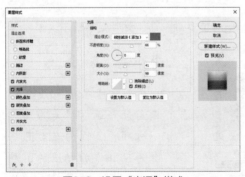

图9-9　设置"光泽"样式

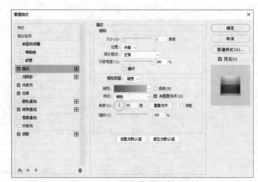

图9-10　设置"描边"样式

10 → 设置完毕，单击"确定"按钮，效果如图9-11所示。

11 → 使用 **T.**(横排文字工具)，在页面中输入适合按钮的文字，如图9-12所示。

图9-11　添加图层样式

图9-12　输入文字

12 → 执行菜单"图层"/"图层样式"/"投影"命令，弹出"图层样式"对话框，设置参数，如图9-13所示。

13 → 设置完毕，单击"确定"按钮。至此本例制作完成，效果如图9-14所示。

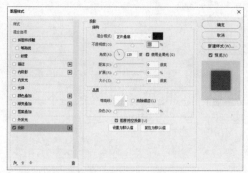

图9-13 设置"投影"样式

图9-14 最终效果

技巧

调出按钮的选区，同样可以使用"渐变工具"，设置"渐变样式"为"线性"，按住鼠标左键从上向下拖曳填充渐变颜色。应用"斜面和浮雕""渐变叠加""内发光""光泽""描边"和"投影"命令，也可以制作出立体的渐变按钮。不同的渐变色可以通过"渐变编辑器"对话框进行适当调整。

案例73 下载按钮

教学视频

通过制作如图9-15所示的流程效果图，掌握"加深工具"和"图层样式"的应用方法。

图9-15 流程图

案例 重点

● 使用"矩形工具"绘制圆角矩形。
● 使用"加深工具"加深圆角矩形的部分区域，并为圆角矩形添加"图层样式"。
● 使用"渐变工具"绘制按钮的高光。
● 使用"横排文字工具"在画布中输入文字，并为文字添加"图层样式"。

案例 步骤

01 → 执行菜单"文件"/"新建"命令，弹出"新建文档"对话框，设置参数，如图9-16所示。

02 → 单击"创建"按钮，新建一个白色背景的空白文档，单击"图层"面板上的"创建新图层"按钮 ，新建"图层1"图层，如图9-17所示。

03 → 使用 (矩形工具)，在画布上绘制圆角路径，并按Ctrl+Enter键将路径转换为选区，如图9-18所示。

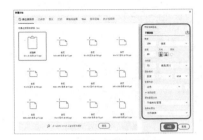

图9-16　新建并设置文档

图9-17　新建图层

图9-18　路径转换为选区

技巧

　　在工具箱中选择 □.(矩形工具)，在属性栏中设置"圆角的半径"，其大小会直接影响到绘制圆角矩形的圆角大小。

04 → 设置"前景色"为RGB(155、155、155)，按Alt+Delete键填充前景色，如图9-19所示。

05 → 按Ctrl+D键取消选区，选择工具箱中的 ◐.(加深工具)，在属性栏中设置"曝光度"为50%，在图像上涂抹加深图像的部分区域，如图9-20所示。

06 → 使用相同的方法，使用 ◐.(加深工具)在图像的其他部分涂抹加深，如图9-21所示。

图9-19　填充前景色

图9-20　涂抹加深局部区域

图9-21　涂抹加深其他区域

07 → 执行菜单"图层"/"图层样式"命令，弹出"图层样式"对话框，单击"投影"选项，设置"投影"样式，如图9-22所示。

08 → 在"图层样式"对话框的左侧，单击"内阴影"选项，设置"内阴影"样式，如图9-23所示。

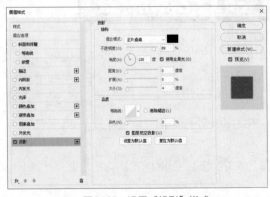
图9-22　设置"投影"样式

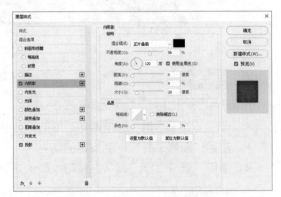
图9-23　设置"内阴影"样式

09 → 在"图层样式"对话框的左侧，单击"内发光"选项，设置"内发光"样式，如图9-24所示。

10 → 在"图层样式"对话框的左侧，单击"斜面和浮雕"选项，设置"斜面和浮雕"样式，如图9-25所示。

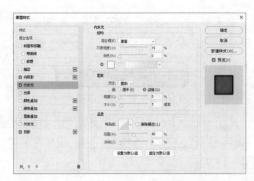

图9-24 设置"内发光"样式

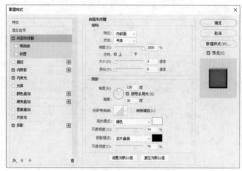

图9-25 设置"斜面和浮雕"样式

11 → 在"图层样式"对话框的左侧,单击"图案叠加"选项,设置"图案叠加"样式,如图9-26所示。

12 → 在"图层样式"对话框的左侧,单击"描边"选项,设置"描边"样式,单击"渐变颜色条",弹出"渐变编辑器"对话框,从左向右分别设置渐变色为白色、黑色、白色,其他的参数设置如图9-27所示。

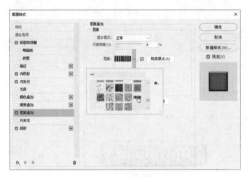

图9-26 设置"图案叠加"样式

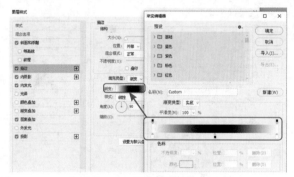

图9-27 设置"描边"样式

13 → 设置完毕,单击"确定"按钮,效果如图9-28所示。

14 → 按住Ctrl键的同时在"图层"面板上单击"图层 1"图层,调出"图层1"图层的选区,如图9-29所示。

15 → 单击"创建新图层"按钮 ,新建"图层2"图层,选择工具箱中的 (矩形选框工具),按住Alt键减去一部分选区,如图9-30所示。

图9-28 添加样式效果

图9-29 调出选区

图9-30 减去部分选区

技巧

在已经存在选区的情况下,按住Alt键不放,使用选区工具在现有选区上绘制,可以减去选区;如果按住Shift键不放,使用选区工具绘制选区,可以增加选区。

16 → 选择 (渐变工具),在属性栏中单击"渐变颜色条",弹出"渐变编辑器"对话框,从左向右分别设置渐变色标值为RGB(255、255、255)、RGB(255、255、255),"不透明度"为100%、0%,如图9-31所示。

图9-31 设置渐变颜色

17 → 设置完毕，单击"确定"按钮，在选区中拖曳，应用渐变效果，如图9-32所示。

图9-32 渐变效果

18 → 按Ctrl+D键取消选区，使用 T (横排文字工具)在页面中输入按钮的文字，如图9-33所示。

图9-33 输入文字

19 → 执行菜单"图层"/"图层样式"命令，弹出"图层样式"对话框，单击"投影"选项，设置投影样式，如图9-34所示。

20 → 设置完毕，单击"确定"按钮。至此本例制作完成，效果如图9-35所示。

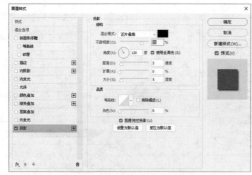

图9-34 设置"投影"样式

图9-35 最终效果

案例74 **开始按钮**

教学视频

通过制作如图9-36所示的流程效果图，掌握"图层蒙版"的应用方法。

图9-36 流程图

案例 重点

- 使用"矩形工具"绘制圆角矩形。
- 使用"横排文字工具"在画布中输入文字，并为文字添加"图层样式"。
- 为图层添加图层蒙版。

案例 步骤

01 → 执行菜单"文件"/"新建"命令，弹出"新建文档"对话框，设置参数，如图9-37所示。

02 → 单击"图层"面板上的"创建新图层"按钮 ，新建"图层1"图层，如图9-38所示。

03 → 选择 （矩形工具），在属性栏中设置"半径"为50像素，在画布上绘制圆角矩形路径，效果如图9-39所示。

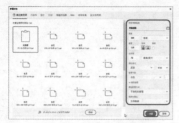

图9-37 新建并设置文档

图9-38 新建图层

图9-39 圆角矩形

04 → 按Ctrl+Enter键将路径转换为选区，在工具箱中设置"前景色"为RGB(0、0、0)，按Alt+Delete键填充前景色，如图9-40所示。

05 → 按Ctrl+D键取消选区，执行菜单"图层"/"图层样式"命令，弹出"图层样式"对话框，单击"投影"选项，设置"投影"样式，如图9-41所示。

06 → 在"图层样式"对话框的左侧，单击"内发光"选项，设置"内发光"样式，如图9-42所示。

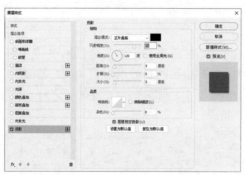

图9-40 填充选区　　　　图9-41 设置"投影"样式　　　　图9-42 设置"内发光"样式

07 → 在"图层样式"对话框的左侧，单击"斜面和浮雕"选项，设置"斜面和浮雕"样式，如图9-43所示。

08 → 设置完毕，单击"确定"按钮，效果如图9-44所示。

09 → 使用 （横排文字工具），在按钮上输入文字，如图9-45所示。

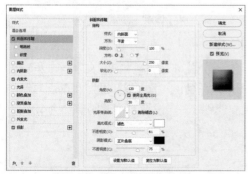

图9-43 设置"斜面和浮雕"样式

图9-44 添加图层样式

图9-45 输入文字

10 → 执行菜单"图层"/"图层样式"命令，弹出"图层样式"对话框，单击"内阴影"选项，设置"为阴影"样式，如图9-46所示。

11 → 在"图层样式"对话框的左侧，单击"外发光"选项，设置"外发光"样式，如图9-47所示。

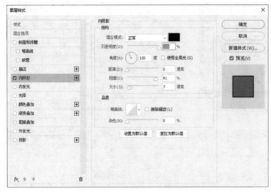

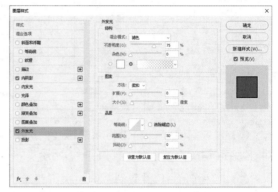

图9-46 设置"内阴影"样式　　　　　　　　　图9-47 设置"外发光"样式

12 → 在"图层样式"对话框的左侧，单击"渐变叠加"选项，设置"渐变叠加"样式，单击"渐变颜色条"，弹出"渐变编辑器"对话框，从左向右分别设置渐变色标值为RGB(255、255、255)、RGB(0、0、0)、RGB(255、255、255)、RGB(75、75、75)，其他的参数设置如图9-48所示。

13 → 在"图层样式"对话框的左侧，单击"描边"选项，设置"描边"样式，单击"渐变颜色条"，弹出"渐变编辑器"对话框，从左向右分别设置渐变色标值为RGB(51、51、51)、RGB(171、171、171)、RGB(51、51、51)、RGB(200、200、200)、RGB(51、51、51)，其他的参数设置如图9-49所示。

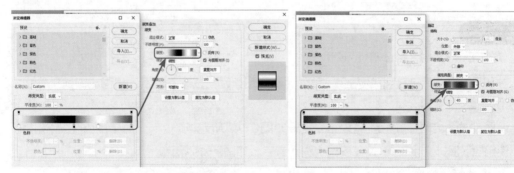

图9-48 设置"渐变叠加"样式　　　　　　　　图9-49 设置"描边"样式

14 → 设置完毕，单击"确定"按钮，效果如图9-50所示。

15 → 在"图层"面板中，拖曳"文字"图层到"创建新图层"按钮，复制文字层，再次单击"创建新图层"按钮，新建"图层2"图层，同时选择刚刚新建的"图层2"图层和前面复制的"文字"图层，按Ctrl+E键向下合并图层，并将其重命名为"倒影"，设置"不透明度"为40%，如图9-51所示。

图9-50 添加图层样式的文字效果　　　　　图9-51 新建和设置图层

16 → 执行菜单"编辑"/"变换"/"垂直翻转"命令，翻转图像，效果如图9-52所示。

17 → 在"图层"面板上，单击"添加图层蒙版"按钮 □，按D键恢复默认的前景色和背景色，使用 □ (渐变工具)在画布上拖曳，应用渐变填充，效果如图9-53所示。

18 → 单击"创建新图层"按钮 □，新建"图层2"图层，按住Ctrl键同时单击"图层 1"图层，调出"图层 1"图层的选区，在工具箱中设置"前景色"为RGB(255、255、255)，按Alt+Delete键填充前景色，并按Ctrl+D键取消选区，如图9-54所示。

图9-52 翻转图像　　　　　　　图9-53 蒙版效果　　　　　　　图9-54 填充选区

19 → 使用 �️ (钢笔工具)，在画布上绘制路径，如图9-55所示。

20 → 按Ctrl+Enter键将路径转换为选区，按Delete键删除选区中的图像，如图9-56所示。

21 → 按Ctrl+D键取消选区，在"图层"面板上设置"不透明度"为50%，效果如图9-57所示。

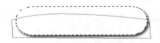

图9-55 绘制路径 　　　　　　　图9-56 清除图像　　　　　　　图9-57 透明效果

22 → 执行菜单"图层"/"图层样式"命令，弹出"图层样式"对话框，单击"投影"选项，设置"投影"样式，如图9-58所示。

23 → 在"图层样式"对话框的左侧，单击"斜面和浮雕"选项，设置"斜面和浮雕"样式，如图9-59所示。

24 → 设置完毕，单击"确定"按钮。至此本例制作完成，效果如图9-60所示。

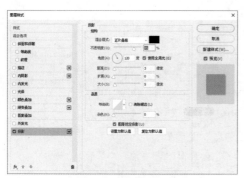

图9-58 设置"投影"样式   图9-59 设置"斜面和浮雕"样式   图9-60 最终效果

案例75   **动画按钮**

教学视频

通过制作如图9-61所示的流程效果图，掌握"时间轴"面板的应用方法。

图9-61 流程图

案例 重点

- 使用"矩形工具"绘制圆角矩形。
- 使用"画笔工具"绘制高光部分。
- 使用"横排文字工具"在画布中输入文字。
- 使用"时间轴"面板制作动画按钮，并导出GIF动画。

案例 步骤

01 → 执行菜单"文件"/"新建"命令，弹出"新建文档"对话框，设置参数，如图9-62所示。

02 → 单击"图层"面板上的"创建新图层"按钮 ，新建"图层1"图层，如图9-63所示。

图9-62 新建和设置文档   图9-63 新建图层

03 → 选择 (矩形工具)，在属性栏中设置"圆角的半径"为10像素，在画布上绘制圆角矩形路径，如图9-64所示。

04 → 按Ctrl+Enter键将路径转换为选区，在工具箱中设置"前景色"为RGB(255、255、255)，按Alt+Delete键填充前景色，如图9-65所示。

05 → 按Ctrl+D键取消选区，执行菜单"图层"/"图层样式"命令，弹出"图层样式"对话框，单击"投影"选项，设置"投影"样式，如图9-66所示。

06 → 设置完毕，单击"确定"按钮，效果如图9-67所示。

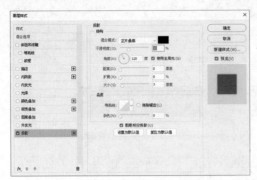

图9-64 绘制圆角矩形

图9-65 填充选区

图9-66 设置"投影"样式

图9-67 添加投影

07 → 在"图层"面板上，单击"创建新图层"按钮 回，新建"图层 2"图层，按住Ctrl键的同时在"图层"面板上单击"图层 1"图层，调出"图层 1"图层选区，执行菜单"选择"/"修改"/"收缩"命令，弹出"收缩选区"对话框，设置"收缩量"为3像素，如图9-68所示。

08 → 设置完毕，单击"确定"按钮，效果如图9-69所示。

09 → 设置"前景色"为RGB(92、152、0)，按Alt+Delete键填充前景色，如图9-70所示。

图9-68 设置"收缩选区"参数

图9-69 收缩选区

图9-70 填充前景色

10 → 在"图层"面板上，单击"创建新图层"按钮 回，新建"图层 3"图层，在工具箱中选择 ✏️(画笔工具)，在属性栏中选择合适的笔触，如图9-71所示。

11 → 设置"前景色"为RGB(157、192、0)，使用 ✏️(画笔工具)在画布上绘制，如图9-72所示。

12 → 使用 ✒️(钢笔工具)在画布上绘制路径，如图9-73所示。

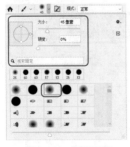

图9-71 设置画笔

图9-72 绘制画笔

图9-73 绘制路径

13 → 按Ctrl+Enter键将路径转换为选区，按Delete键删除图像，如图9-74所示。

14 → 按住Ctrl键的同时在"图层"面板上单击"图层2"图层，调出"图层2"图层选区，如图9-75所示。

15 → 执行菜单"选择"/"反向"命令，反向选择选区，按Delete键删除图像，如图9-76所示。

图9-74　清除选区　　　　　图9-75　调出选区　　　　　图9-76　删除图像

16 → 使用 **T.**(横排文字工具)，在画布中单击输入文字，如图9-77所示。

17 → 使用相同的方法，在画布中单击输入其他文字，如图9-78所示。

图9-77　输入文字　　　　　　图9-78　输入其他文字

18 → 在"图层"面板上，单击"创建新图层"按钮 ⬚，新建"图层 4"，如图9-79所示。

19 → 使用 **∂.**(钢笔工具)在画布上绘制路径，按Ctrl+Enter键转换成选区，填充选区为白色，再按Ctrl+D键取消选区，效果如图9-80所示。

20 → 执行菜单"窗口"/"时间轴"命令，弹出"时间轴"面板，如图9-81所示。

图9-79　新建图层　　　图9-80　绘制图像　　　　　　　　　图9-81　"时间轴"面板

21 → 在"时间轴"面板上，单击两次"复制所选帧"按钮 ⬚，复制所选帧，如图9-82所示。

22 → 在"时间轴"面板上选择第2帧，在"图层"面板上选择"图层 4"图层，选择工具箱中的 **✛.**(移动工具)，按Shift+下方向键调整箭头的位置，如图9-83所示。

图9-82　复制帧　　　　　　　　　　　　　图9-83　调整图层

23 → 在"图层"面板上，选择"图层 3"图层，设置"不透明度"为50%，效果如图9-84所示。

24 → 在"时间轴"面板上，同时选择第1帧和第2帧，如图9-85所示。

25 → 在"时间轴"面板上，单击"过渡动画帧"按钮 ↘，弹出"过渡"对话框，设置参数，如图9-86所示。

图9-84　透明度效果　　　　　　　图9-85　选择第1帧和第2帧　　　　　　图9-86　设置"过渡"参数

26 → 单击"确定"按钮，"时间轴"面板上会自动生成过渡帧，如图9-87所示。

图9-87　添加过渡帧

27 → 在"时间轴"面板上，同时选择第11帧和第12帧，如图9-88所示。

28 → 在"时间轴"面板上，单击"过渡动画帧"按钮 ✎，弹出"过渡"对话框，设置参数，如图9-89所示。

图9-88　选择第11帧和第12帧　　　　　　　图9-89　再次设置"过渡"参数

29 → 单击"确定"按钮，"时间轴"面板上会自动生成过渡帧，如图9-90所示。

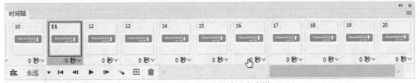

图9-90　再次添加过渡帧

技巧

当动画制作完成，在"时间轴"面板上单击"播放动画"按钮 ▶，在文档窗口中可以直接看到动画效果。如果要停止播放，单击"停止动画"按钮 ■，即可停止动画播放，也可以按空格键控制动画的"播放"或"停止"。

30 → 执行菜单"文件"/"导出"/"存储为Web所用格式"命令，弹出"存储为Web所用格式"对话框，设置"存储格式"为GIF，其他参数设置如图9-91所示。

31 → 单击"存储"按钮，保存当前GIF文档。在刚刚存储的文件夹下打开GIF动画，可以预览动画效果，如图9-92所示。

32 → 关闭"时间轴"面板。至此本例制作完成，效果如图9-93所示。

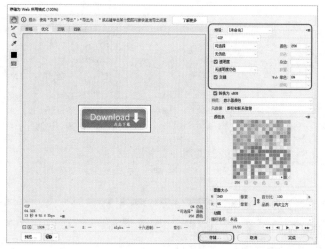

图9-91　设置"存储为Web所用格式"参数

图9-92　预览动画效果

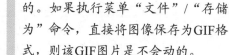

图9-93　最终效果

案例76　水彩手绘

通过制作如图9-94所示的流程效果图，掌握"混合模式"的应用方法。

图9-94　流程图

案例　重点

- 打开素材，复制背景并去色。
- 应用"最小值"命令。
- 设置相应的混合模式。

- 复制去色后的图层并应用"反相"命令。
- 复制图像并进行模糊处理。

案例　步骤

01 打开附赠资源中的"素材文件"/"第9章"/"花"素材，将其作为背景，如图9-95所示。

02 → 复制"背景"图层，得到"背景 拷贝"图层，执行菜单"图像"/"调整"/"去色"命令，效果如图9-96所示。

03 → 再复制"背景 拷贝"图层，得到"背景 拷贝2"图层，执行菜单"图像"/"调整"/"反相"命令，制作图像为负片效果，设置"混合模式"为"颜色减淡"，如图9-97所示。此时图像将会变为空白。

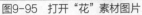

图9-95　打开"花"素材图片

图9-96　去色处理

图9-97　设置"背景 拷贝2"图层混合模式

04 → 执行菜单"滤镜"/"其他"/"最小值"命令，弹出"最小值"对话框，设置"半径"为2像素，如图9-98所示。

05 → 设置完毕，单击"确定"按钮，效果如图9-99所示。

06 → 将"背景 拷贝"图层与"背景 拷贝2"图层一同选取，按Ctrl+E键将其合并为一个图层，如图9-100所示。

图9-98　设置"最小值"参数

图9-99　应用最小值效果

图9-100　合并图层

07 → 再复制"背景 拷贝2"图层，得到"背景 拷贝3"图层，执行菜单"滤镜"/"模糊"/"高斯模糊"命令，弹出"高斯模糊"对话框，设置"半径"为5像素，如图9-101所示。

08 → 设置完毕，单击"确定"按钮，设置"混合模式"为"线性加深"，效果如图9-102所示。

09 → 再复制一次"背景"图层，得到"背景 拷贝"图层，将其移动到所有图层的最上面，设置"混合模式"为"颜色"，如图9-103所示。

图9-101　设置"高斯模糊"参数

图9-102　模糊效果

图9-103　设置"背景 拷贝"图层混合模式

10 → 打开附赠资源中的"素材文件"/"第9章"/"底图"素材，如图9-104所示。

11 → 使用 ⊕ (移动工具)，拖曳"底图"素材中的图像到"花"文档中，按Ctrl+T键调出变换框，拖曳控制点将图像进行适当缩放，如图9-105所示。

12 → 按Enter键确定，设置"混合模式"为"颜色加深"，效果如图9-106所示。

图9-104　打开"底图"素材图片

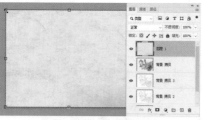
图9-105　变换图像

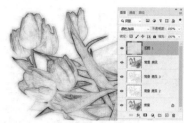
图9-106　设置"图层1"图层混合模式

13 → 复制"图层1"图层，得到"图层1拷贝"图层，设置"混合模式"为"线性加深"，效果如图9-107所示。

14 → 使用 **T** (横排文字工具)，在页面中输入文字。至此本例制作完成，效果如图9-108所示。

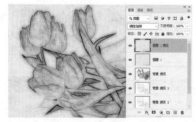
图9-107　设置"图层1 拷贝"图层混合模式

图9-108　最终效果

案例77　**七彩生活**

教学视频

通过制作如图9-109所示的流程效果图，掌握"描边"命令的应用方法。

图9-109　流程图

案例　**重点**

- 应用"描边"命令制作图像边缘的描边。
- 创建羽化选区。
- 填充渐变色。
- 设置混合模式。

案例　**步骤**

01 → 执行菜单"文件"/"新建"命令或按Ctrl+N键，弹出"新建文档"对话框，设置文件的"宽度"为18厘米、"高度"为13.5厘米、"分辨率"为150像素/英寸、"颜色模式"为"RGB颜色"、"背景内容"为"白色"，单击"创建"按钮，如图9-110所示。

02 → 打开附赠资源中的"素材文件"/"第9章"/"ditu"素材，如图9-111所示。

03 → 使用 (移动工具)，拖曳素材中的图像到新建文档中，按Ctrl+T键调出变换框，拖曳控制点将图像进行适当缩放，如图9-112所示。

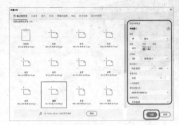

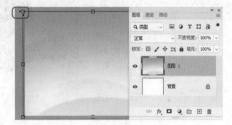

图9-110　新建并设置文档　　　　图9-111　打开ditu素材图片　　　　图9-112　变换并移动图像

04 → 按Enter键确定，打开附赠资源中的"素材文件"/"第9章"/"夜景2"素材，如图9-113所示。

05 → 使用 (移动工具)，拖曳素材中的图像到新建文档中，按Ctrl+T键调出变换框，拖曳控制点将图像进行适当缩放和旋转，效果如图9-114所示。

06 → 按Enter键确定，执行菜单"编辑"/"描边"命令，弹出"描边"对话框，在"描边"选项区设置"宽度"为15像素、"颜色"为白色；在"位置"选项区选中"居外"单选按钮；"混合"选项区为默认值，如图9-115所示。

07 → 设置完毕，单击"确定"按钮，效果如图9-116所示。

图9-113　打开"夜景2"　　　图9-114　变换图像　　　图9-115　设置"描边"参数　　　图9-116　描边效果
　　　　　素材图片

08 → 执行菜单"图层"/"图层样式"命令，弹出"图层样式"对话框，设置"投影"参数，如图9-117所示。

09 → 设置完毕，单击"确定"按钮，效果如图9-118所示。

10 → 打开附赠资源中的"素材文件"/"第9章"/"汽车"素材，如图9-119所示。

图9-117　设置"投影"样式　　　　图9-118　添加投影效果　　　　图9-119　打开"汽车"素材图片

11 → 使用 (移动工具)，拖曳素材中的图像到新建文档中，按Ctrl+T键调出变换框，拖曳控制点将图像进行适当缩放和翻转，如图9-120所示。

12 → 按Enter键确定。新建图层，选择 ▣(矩形选框工具)，设置"羽化"为20像素，在页面中绘制矩形选区，如图9-121所示。

图9-120　缩放和翻转图像　　　　图9-121　绘制选区

13 → 选择 ▣(渐变工具)，设置"渐变样式"为"线性渐变"、"渐变类型"为"色谱"，在选区内从上向下拖曳鼠标添加渐变色，如图9-122所示。

14 → 按Ctrl+D键取消选区，再按Ctrl+T键调出变换框，按住Ctrl键的同时拖曳控制点将图像进行扭曲变换，效果如图9-123所示。

图9-122　添加渐变色　　　　图9-123　扭曲变换图像

15 → 按Enter键确定，再设置"混合模式"为"正片叠底"，效果如图9-124所示。

16 → 打开附赠资源中的"素材文件"/"第9章"/"海星"素材，如图9-125所示。

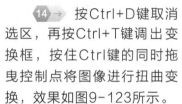

图9-124　设置混合模式　　　　图9-125　打开"海星"素材图片

17 → 使用 ✛(移动工具)，拖曳素材中的图像到新建文档中，按Ctrl+T键调出变换框，拖曳控制点将图像进行适当缩放，如图9-126所示。

18 → 按Enter键确定，执行菜单"图层"/"图层样式"/"投影"命令，弹出"图层样式"对话框，设置"投影"参数，如图9-127所示。

19 → 设置完毕，单击"确定"按钮，再使用 T(横排文字工具)在页面中输入文字。至此本例制作完成，效果如图9-128所示。

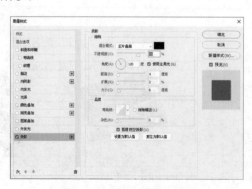

图9-126　缩放图像　　　　图9-127　设置"投影"样式　　　　图9-128　最终效果

案例78　　梦幻花园

教学视频

通过制作如图9-129所示的流程效果图，掌握"变换选区"的应用方法。

图9-129　流程图

案例　重点

- 应用"魔棒工具"创建选区，移动并变换选区。
- 应用"画笔工具"绘制草笔触。
- 调整亮度/对比度。

案例　步骤

01 → 执行菜单"文件"/"新建"命令或按Ctrl+N键，弹出"新建文档"对话框，设置文件的"宽度"为18厘米、"高度"为13.5厘米、"分辨率"为150像素/英寸、"颜色模式"为"RGB颜色"、"背景内容"为"白色"，单击"创建"按钮，如图9-130所示。

02 → 打开附赠资源中的"素材文件"/"第9章"/"城堡"素材，如图9-131所示。

03 → 使用 ✛ (移动工具)，拖曳"城堡"素材中的图像到新建文档中，按Ctrl+T键调出变换框，拖曳控制点将图像进行适当缩放，如图9-132所示。

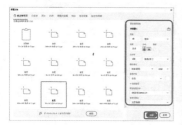

图9-130　新建并设置文档　　　图9-131　打开"城堡"素材图片　　　图9-132　变换图像

04 → 按Enter键确定，打开附赠资源中的"素材文件"/"第9章"/"花海"素材，如图9-133所示。

05 → 打开附赠资源中的"素材文件"/"第9章"/"苹果Logo"素材，如图9-134所示。

06 → 选择 ✦ (魔棒工具)，设置选区类型为"添加到选区"、"容差"为40，勾选"连续"复选框，在白色苹果上单击创建三处选区，如图9-135所示。

图9-133　打开"花海"素材图片　　　图9-134　打开"苹果Logo"素材图片

07 → 在属性栏中单击"新选区"按钮后，直接拖曳选区到"花海"文档中，执行菜单"选择"/"变换选区"命令，调出变换选区变换框，直接拖曳控制点将选区缩小，如图9-136所示。

图9-135　创建选区

08 → 按Enter键确定，按Ctrl+C键复制选区内的图像，转换到新建的文档中，按Ctrl+V键粘贴选区内容，效果如图9-137所示。

09 → 按Ctrl+T键调出变换框，按住Ctrl键的同时拖曳控制点，将图像进行扭曲变换，使其出现透视效果，如图9-138所示。

图9-136　移动并变换选区

图9-137　复制并粘贴图像

图9-138　图像透视效果

10 → 按Enter键确定，将"前景色"设置为草绿色，新建"图层3"和"图层4"。选择 ✎.（画笔工具），设置笔触为"草"，设置相应的画笔直径，在Logo周围绘制草，如图9-139所示。

11 → 选择"图层3"，执行菜单"图像"/"调整"/"亮度/对比度"命令，弹出"亮度/对比度"对话框，设置"亮度"为-65、"对比度"为85，如图9-140所示。

12 → 设置完毕，单击"确定"按钮。选择"图层4"，执行菜单"图像/调整/亮度/对比度"命令，弹出"亮度/对比度"对话框，设置"亮度"为9、"对比度"为76，如图9-141所示。

图9-139　绘制小草

图9-140　设置"亮度/对比度"参数

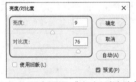

图9-141　再次设置"亮度/对比度"参数

13 → 设置完毕，单击"确定"按钮，按Ctrl+E键两次，将"图层4""图层3"和"图层2"合并，效果如图9-142所示。

14 → 执行菜单"图层"/"图层样式"/"投影"命令，弹出"图层样式"对话框，设置"投影"参数，如图9-143所示。

15 → 设置完毕，单击"确定"按钮，复制"图层4"，得到"图层4拷贝"，将"图层4"中的投影样式拖曳至"删除"按钮上将其删除，选择"图层4"，按键盘上的方向键几次，使其与上一图层发生错位，设置"不透明度"为80%，效果如

图9-142　合并图层效果

图9-143　设置"投影"样式

图9-144所示。

16 → 执行菜单"图像"/"调整"/"亮度/对比度"命令，弹出"亮度/对比度"对话框，设置"亮度"为-138、"对比度"为30，如图9-145所示。

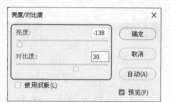

图9-144 图像效果   图9-145 设置"亮度/对比度"参数

17 → 设置完毕，单击"确定"按钮，效果如图9-146所示。

18 → 打开附赠资源中的"素材文件"/"第9章"/"石径"素材，效果如图9-147所示。

图9-146 调整效果   图9-147 打开"石径"素材图片

19 → 使用 ▧(多边形套索工具)，沿石头绘制封闭选区，如图9-148所示。

20 → 使用 ✛(移动工具)，拖曳选区内的图像到新建文档中，按Ctrl+T键调出变换框，拖曳控制点将图像缩放相应的大小，再使用 T.(横排文字工具)，在页面右下方输入文字。至此本例制作完成，如图9-149所示。

图9-148 创建选区   图9-149 最终效果

案例79 **冰冻效果**

教学视频

通过制作如图9-150所示的流程效果图，掌握"快速蒙版"的应用。

图9-150 流程图

案例 重点

- 在快速蒙版编辑模式下创建蜘蛛图像的选区。
- 复制蜘蛛图像所在的图层，使用"高斯模糊""照亮边缘"和"铬黄渐变"滤镜。
- 设置图层"混合模式"，并使用"色相/饱和度"命令为图像着色。

案例 步骤

01 → 打开附赠资源中的"素材文件"/"第9章"/"蜘蛛"素材，如图9-151所示。

02 → 单击工具箱中的"以快速蒙版模式编辑"按钮 回，进入快速蒙版编辑模式，选择工具箱中的 ✔️(画笔工具)，在其属性栏中设置合适的笔触和大小，在图像上进行绘制，如图9-152所示。

03 → 在"画笔工具"的属性栏中修改画笔的笔触和大小，继续在图像上绘制，如图9-153所示。

技巧

使用"画笔工具"在快速蒙版编辑模式下进行绘制时，需要随时调整画笔的笔触和大小，这样才有利于绘制出精确的选区。

图9-151 打开素材图片

图9-152 设置快速蒙版

图9-153 绘制图像

04 → 单击工具箱中的"以标准模式编辑"按钮 ■，返回标准编辑模式，得到蜘蛛图像的选区，如图9-154所示。

05 → 执行菜单"图层"/"新建"/"通过拷贝的图层"命令，复制选区中的图像，效果如图9-155所示。

图9-154 创建选区

图9-155 复制图层

06 → 拖曳"图层1"图层至"创建新图层"按钮 回，复制"图层1"图层，得到"图层1拷贝"图层，如图9-156所示。

07 → 选中"图层1 拷贝"图层，执行菜单"滤镜"/"模糊"/"高斯模糊"命令，弹出"高斯模糊"对话框，设置"半径"为3像素，如图9-157所示。

08 → 单击"确定"按钮，完成"高斯模糊"对话框的设置，图像效果如图9-158所示。

图9-156 复制图层

图9-157 设置"高斯模糊"参数

图9-158 模糊效果

09 → 执行菜单"滤镜"/"滤镜库"命令，在弹出的对话框中选择"风格化/照亮边缘"，设置"边缘宽度"为5、"边缘亮度"为15、"平滑度"为5，如图9-159所示。

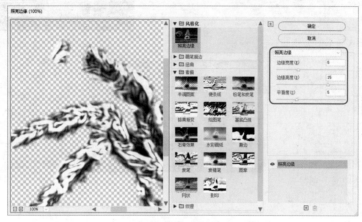

图9-159 设置"照亮边缘"参数

10 → 单击"确定"按钮，完成"照亮边缘"对话框的设置。在"图层"面板中将"图层1拷贝"图层的"混合模式"改为"滤色"，如图9-160所示。

11 → 拖曳"图层1"图层至"创建新图层"按钮 ，复制"图层1"图层得到"图层1拷贝2"图层，并将该层拖曳到顶层，如图9-161所示。

图9-160 设置混合模式

图9-161 改变图层顺序

12 → 选中"图层1拷贝2"图层，执行菜单"滤镜"/"滤镜库"命令，在弹出的对话框中选择"素描"/"铬黄渐变"，设置"细节"为4、"平滑度"为8，如图9-162所示。

13 → 单击"确定"按钮，完成"铬黄渐变"对话框的设置。在"图层"面板中，设置"图层1拷贝2"图层的"混合模式"为"叠加"，如图9-163所示。

14 → 选中"图层1"图层，执行菜单"图层"/"调整"/"色相/饱和度"命令，弹出"色相/饱和度"对话框，设置参数，如图9-164所示。

15 → 单击"确定"按钮，完成"色相/饱和度"对话框的设置，图像效果如图9-165所示。

16 → 选中"图层1拷贝"图层，执行菜单"图层"/"调整"/"色相/饱和度"命令，弹出"色相/饱和度"对话框，设置参数，如图9-166所示。

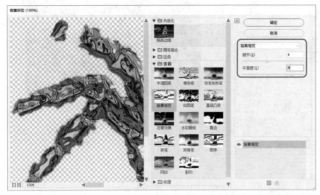

图9-162　设置"铬黄渐变"参数

图9-163　设置混合模式

图9-164　设置"色相/饱和度"参数

图9-165　图像效果

图9-166　再次设置"色相/饱和度"参数

17 → 单击"确定"按钮，完成"色相/饱和度"对话框的设置，图像效果如图9-167所示。

18 → 拖曳"图层1拷贝2"图层至"创建新图层"按钮 回，复制得到"图层1拷贝3"图层，并设置该图层的"混合模式"为"柔光"，如图9-168所示。

19 → 至此本例制作完毕，效果如图9-169所示。

图9-167　调整效果

图9-168　设置混合模式

图9-169　最终效果

本章练习

制作网页按钮后，在"时间轴"面板中制作动画效果。

第10章

企业形象设计

本章通过Logo标志设计、名片设计、企业文化墙设计等案例，介绍企业形象设计的相关知识。

CIS(corporate identity system)，指企业形象识别系统，它是将企业的经营理念与精神文化整体传达给企业内部与社会大众，并使人们对企业产生一致的认同感或价值观，达到树立良好企业形象和促进产品销售的设计。

学习企业形象设计应了解以下几点：
- 设计理念
- 要素
- CI的具体组成部分
- 企业理念
- 企业行为
- 企业视觉

设计理念

设计者拒绝平庸，讨厌安逸。设计者认为苦也是一种味道，不要平淡无味。

设计者拒绝墨守成规，立志创业创新。设计者认为创业是一种生活方式，时时刻刻在前进。

设计者设计一个梦想，策划一个未来。设计者不满足于客户的认可，更希望客户成功。

要素

企业的经营理念、文化素质、经营方针、产品开发、商品流通等有关企业经营的所有因素。从信息这一观点出发，从文化、形象、传播的角度来进行筛选，找出企业潜在的能力，找出它的存在价值与美的价值，加以整合，使它在信息社会环境中转换为有效的标识。

CI的具体组成部分

CI包括三部分，即MI(理念识别)、BI(行为识别)和VI(视觉识别)。

MI是整个CI的最高决策层，给整个系统奠定了理论基础和行为准则，并通过BI、VI表达出来。所有的行为活动与视觉设计都是围绕着MI这个中心展开的，成功的BI与VI就是将企业富有个性的、独特的精神准确地表达出来。

BI直接反映企业理念的个性和特殊性，包括对内的组织管理和教育、对外的公共关系、促销活动、参与社会性的文化活动等。

VI是企业的视觉识别系统，包括基本要素(企业名称、企业标志、标准字、标准色、企业造型等)和应用要素(产品造型、办公用品、服装、招牌、交通工具等)，通过具体符号的视觉传达设计，直接进入人脑，留下对企业的视觉影像。

企业形象是企业自身的一项重要无形资产，因为它代表着企业信誉、产品质量、人员素质、股票涨跌等。塑造企业形象虽然不一定马上给企业带来经济效益，但它能创造良好的社会效益，获得社会的认同感、价值观，最终会收到由社会效益转化来的经济效益，它是一笔重大而长远的无形资产的投资。未来的企业竞争不仅仅是产品品质、品种之战，更重要的是企业形象之战，因此塑造企业形象逐渐成为有长远眼光企业的长期战略。

企业理念

从理论上讲，企业的经营理念是企业的灵魂，是企业哲学、企业精神的集中表现，也是整个企业识别系统的核心和依据。企业的经营理念要反映企业的社会价值、企业追求的目标，以及企业的经营内容，通过简明确切的、能被企业内外乐意接受的、易懂易记的语句来表达。

企业行为

企业行为识别的要旨是企业在内部协调和对外交往中应该有一种规范性准则。这种准则具体体现在全体员工上下一致的日常行为中。也就是说，员工们的行为举动都应该是一种企业行为，能反映企业的经营理念和价值取向，而不是独立的、随心所欲的个人行为。行为识别需要员工在理解企业经营理念的基础上，把它变为发自内心的自觉行动，只有这样才能使同一理念在不同的场合、不同的层面中具体落实到管理行为、销售行为、服务行为和公共关系行为中去。

企业的行为识别是企业处理协调人、事、物的动态动作系统。行为识别的贯彻，对内包括新产品开发、员工分配及文明礼貌规范等，对外包括市场调研及商品促进、各种服务及公关准则，与金融、上下游合作伙伴及代理经销商的交往行为准则。

企业视觉

任何企业想进行宣传并传播给社会大众，从而塑造可视的企业形象，都需要依赖传播系统，传播的成效大小完全依赖于在传播系统模式中的符号系统的设计能否被社会大众辨认与接受，并给社会大众留下深刻的印象。符号系统中的基本要素都是传播企业形象的载体，企业通过这些载体来反映企业形象，这种符号系统可称作企业形象的符号系统。

VI是一个严密而完整的符号系统，它的特点在于展示清晰的"视觉力"结构，从而准确地传达独特的企业形象，通过差异性面貌的展现，达成企业认识、识别的目的。

案例80　标志设计

教学视频

通过制作如图10-1所示的流程效果图，掌握"极坐标"的应用方法。

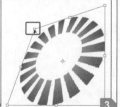

图10-1　流程图

案例 | 重点

- 使用"矩形工具"绘制黑色矩形。
- 使用"极坐标"命令将图像扭曲。
- 调出变换框对图像进行扭曲变换。

- 应用"动作"面板对矩形进行复制。
- 使用"渐变工具"为选区填充渐变色。

案例 | 步骤

01 → 执行菜单"文件"/"新建"命令或按Ctrl+N键，弹出"新建文档"对话框，设置参数，如图10-2所示。

02 → 将"前景色"设置为黑色，单击"创建新图层"按钮，新建"图层1"图层，使用 □ (矩形工具)，选择"像素"选项，在页面的左侧绘制黑色矩形，如图10-3所示。

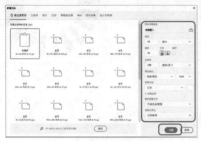

图10-2 新建并设置文档

图10-3 绘制矩形

03 → 打开"动作"面板，单击"创建新动作"按钮，在弹出的"新建动作"对话框中，设置"名称"为"动作1"，其他为默认值，再单击"记录"按钮，如图10-4所示。

04 → 记录动作后，在"图层"面板中复制"图层1"图层，得到"图层1拷贝"图层，使用 ⊕ (移动工具)将拷贝图像向右移动，如图10-5所示。

图10-4 新建动作

图10-5 复制并移动图层

05 → 在"动作"面板中，单击"停止播放/记录"按钮，再单击"播放选定的动作"按钮，如图10-6所示。

06 → 单击"播放选定的动作"按钮数次，直到将小矩形复制到图像的右侧为止，如图10-7所示。

07 → 将"图层1"与"图层1"的所有拷贝一同选取，按Ctrl+E键将其合并为一个图层，如图10-8所示。

08 → 按Ctrl+T键调出变换框，拖曳右边的控制点将图像缩短，效果如图10-9所示。

09 → 按Enter键确定，执行菜单"滤镜"/"扭曲"/"极坐标"命令，弹出"极坐标"对话框，勾选"平面坐标到极坐标"复选框，如图10-10所示。

10 → 设置完毕，单击"确定"按钮，效果如图10-11所示。

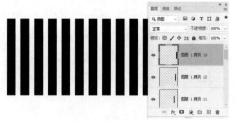

图10-6　单击两次按钮　　　　图10-7　复制矩形　　　　图10-8　合并图层

图10-9　缩短图像　　　　图10-10　设置"极坐标"参数　　　　图10-11　极坐标效果

11 ➡ 按住Ctrl键单击"图层1拷贝18"图层的缩略图，调出选区，将"前景色"设置为黄色、"背景色"设置为红色，选择 （渐变工具），设置"渐变样式"为"径向渐变"、"渐变类型"为"从前景色到背景色"，在图像中心向外拖曳鼠标填充渐变色，效果如图10-12所示。

12 ➡ 按Ctrl+D键取消选区，再按Ctrl+T键调出变换框，然后按住Ctrl键，拖曳控制点对图像进行扭曲变换，如图10-13所示。

13 ➡ 按Enter键确定，使用 （横排文字工具），在页面中输入英文SunLight，如图10-14所示。

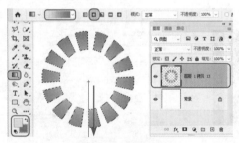

图10-12　填充渐变色　　　　图10-13　扭曲图像　　　　图10-14　输入文字

14 ➡ 按Ctrl+T键调出变换框，拖曳控制点将图像缩小，按Enter键确定。再使用 （多边形套索工具），在图像上创建选区，按Delete键清除选区内容，效果如图10-15所示。

15 ➡ 按Ctrl+D键取消选区。至此本例制作完成，效果如图10-16所示。

图10-15　清除选区内容　　　　图10-16　最终效果

案例81 **名片设计**

教学视频

通过制作如图10-17所示的流程效果图，掌握名片设计的规范与方法。

图10-17 流程图

案例 **重点**

- 将选取的图层图像导入新建文档中。
- 变换图像的大小。
- 复制图层并合并选取的图层。
- 设置图层的不透明度。

案例 **步骤**

01 → 执行菜单"文件"/"新建"命令或按Ctrl+N键，弹出"新建文档"对话框，设置文件的"宽度"为9厘米、"高度"为5厘米、"分辨率"为150像素/英寸、"颜色模式"为"RGB颜色"、"背景内容"为"白色"，单击"创建"按钮，如图10-18所示。

02 → 执行菜单"文件"/"打开"命令，在弹出的"打开"对话框中，选择之前存储的"标志设计"文件，将其打开，选择除背景以外的两个图层，如图10-19所示。

03 → 使用 ⊕ (移动工具)，拖曳选择的图层图像到新建的文档中，再复制新导入的图像图层，如图10-20所示。

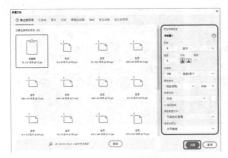

图10-18 新建并设置文档

图10-19 选择图层

图10-20 复制图层

04 → 选取文字图层与复制的图像图层，按Ctrl+E键将其合并，按Ctrl+T键调出变换框，拖曳控制点将图像缩小，如图10-21所示。

05 → 选择"图层1拷贝18"图层，使用 ⊕ (移动工具)将图像拖曳至文件的右上角，如图10-22所示。

图10-21　合并图层并调整图像　　　　　　　　图10-22　移动图像

06 → 新建一个图层，按住Ctrl键的同时单击"图层1拷贝18"图层的缩略图，调出选区，将选区填充为灰色，按向下键将其向下移动，效果如图10-23所示。

07 → 按Ctrl+D键取消选区，分别设置两个图层的"不透明度"为50%和20%，效果如图10-24所示。

08 → 使用 ∕(直线工具)和 T.(横排文字工具)，在页面中绘制黑色直线和输入相应的文字。至此本例制作完成，效果如图10-25所示。

图10-23　调出选区填充灰色　　　　　　图10-24　不透明度　　　　　　图10-25　最终效果

案例82　企业文化墙设计

教学视频

通过制作如图10-26所示的流程效果图，掌握"样式"面板、"高斯模糊"命令等的应用方法。

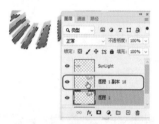
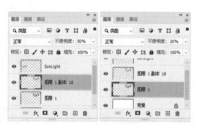

图10-26　流程图

案例　重点

- 使用"矩形工具"绘制矩形。
- 为背景图层应用"光照效果"命令。
- 应用"高斯模糊"命令制作图像的模糊效果。
- 为图层添加预设样式。
- 新建图层，绘制选区并填充颜色。
- 设置"混合模式"为"叠加"。

案例 步骤

01 → 执行菜单"文件"/"新建"命令或按Ctrl+N键，弹出"新建文档"对话框，设置文件的"宽度"为18厘米、"高度"为13.5厘米、"分辨率"为150像素/英寸、"颜色模式"为"RGB颜色"、"背景内容"为"白色"，单击"创建"按钮，如图10-27所示。

02 → 将"前景色"设置为蓝色，按Alt+Delete键填充前景色，如图10-28所示。

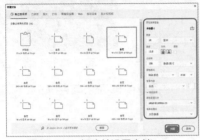

图10-27 新建并设置文档

图10-28 填充前景色

03 → 新建"图层1"，将"前景色"设置为黑色，使用 □ (矩形工具)，选择"像素"选项，在画布中绘制一个黑色矩形，效果如图10-29所示。

04 → 打开"样式"面板，选择"Web样式"文件夹，在其中选择"黑色电镀金属"样式，如图10-30所示。

图10-29 绘制黑色矩形

图10-30 选择样式

05 → 应用样式后的效果，如图10-31所示。

06 → 选择背景图层，执行菜单"滤镜"/"渲染"/"光照效果"命令，弹出"光照效果"属性面板，设置参数，如图10-32所示。

07 → 设置完毕，单击"确定"按钮，效果如图10-33所示。

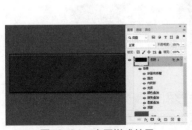

图10-31 应用样式效果

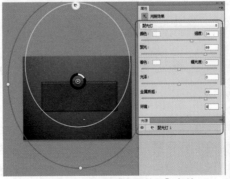

图10-32 设置"光照效果"参数

图10-33 光照效果

08 → 新建"图层2"，使用 □ (矩形选框工具)绘制一个矩形选区并将其填充为白色，效果如图10-34所示。

09 → 按Ctrl+D键取消选区，执行菜单"滤镜"/"模糊"/"高斯模糊"命令，弹出"高斯模糊"对话框，设置"半径"为75像素，如图10-35所示。

10 → 设置完毕，单击"确定"按钮，设置"混合模式"为"叠加"，效果如图10-36所示。

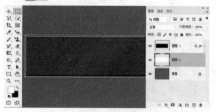  

图10-34　绘制和填充选区　　　图10-35　设置"高斯模糊"参数　　　图10-36　设置混合模式

11 → 执行菜单"文件"/"打开"命令，在"打开"对话框中选择之前存储的"标志设计"文件，将其打开，选择除背景以外的两个图层，如图10-37所示。

12 → 使用 ⊹ (移动工具)，拖曳选择的图层图像到新建的文档中，按Ctrl+T键调出变换框，拖曳控制点改变图像大小，如图10-38所示。

13 → 将导入的文字修改为白色，使用 **T** (横排文字工具)在页面中输入其他文字。至此本例制作完成，效果如图10-39所示。

图10-37　选择图层　　　图10-38　改变图像大小　　　图10-39　最终效果

案例83　纸杯设计

教学视频

通过制作如图10-40所示的流程效果图，掌握"渐变编辑器"和"图层蒙版"的应用方法。

图10-40　流程图

案例 **重点**

- 应用"光照效果"命令制作背景。
- 使用"渐变编辑器"编辑渐变色。
- 通过蒙版制作图像倒影效果。

- 绘制矩形和椭圆形。
- 为选区填充渐变色。

案例 步骤

01 → 执行菜单"文件"/"新建"命令或按Ctrl+N键，弹出"新建文档"对话框，设置文件的"宽度"为18厘米、"高度"为13.5厘米、"分辨率"为150像素/英寸、"颜色模式"为"RGB颜色"、"背景内容"为"白色"，单击"创建"按钮，如图10-41所示。

02 → 将"前景色"设置为蓝色，按Alt+Delete键填充前景色，如图10-42所示。

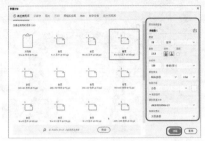

图10-41 "新建文档"对话框

图10-42 填充前景色

03 → 执行菜单"滤镜"/"渲染"/"光照效果"命令，弹出"光照效果"属性面板，设置参数，如图10-43所示。

04 → 设置完毕，单击"确定"按钮，效果如图10-44所示。

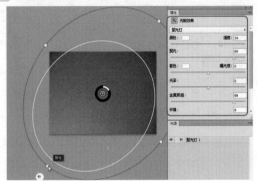

图10-43 光照效果设置

图10-44 光照效果

05 → 新建"图层1"，将"前景色"设置为白色，使用 ◯.(椭圆工具)，选择"像素"选项，绘制一个白色椭圆形，如图10-45所示。

06 → 新建"图层2"，使用 ▢.(矩形工具)绘制一个白色矩形，如图10-46所示。

07 → 按Ctrl+T键调出变换框，按住Ctrl键的同时分别向外拖曳上面的两个控制点，使其产生透视效果，如图10-47所示。

图10-45 绘制白色椭圆形

图10-46 绘制白色矩形

图10-47 变换图像

08 → 按Enter键完成变换，按Ctrl+E键向下合并，再新建"图层2"，使用 ◯.(椭圆工具)绘制一个白色椭圆形，如图10-48所示。

09 → 选择 ▣(渐变工具)，单击"渐变颜色条"，弹出"渐变编辑器"对话框，设置从左到右的颜色依次为灰色、白色和灰色，单击"确定"按钮，如图10-49所示。

10 → 按住Ctrl键的同时单击"图层2"的缩略图，调出"图层2"图像的选区。选择 ▣(渐变工具)，设置"渐变样式"为"线性渐变"，再从选区的左边向右边拖曳鼠标填充渐变色，效果如图10-50所示。

图10-48 绘制椭圆

图10-49 设置渐变颜色

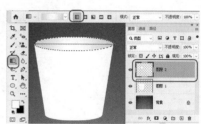

图10-50 填充"图层2"渐变色

11 → 选择"图层1"，按住Ctrl键的同时单击"图层1"的缩略图，调出"图层1"图像的选区。选择 ▣(渐变工具)，设置"渐变样式"为"线性渐变"，从右边向左边拖曳鼠标填充渐变色，效果如图10-51所示。

12 → 选择"图层1"和"图层2"，按Ctrl+E键将选择的图层合并为一个"图层2"，如图10-52所示。

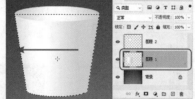

图10-51 填充"图层2"渐变色

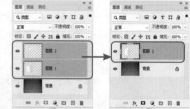

图10-52 合并图层

13 → 在按住Alt键的同时，使用 ✛(移动工具)向右拖曳图像，系统会自动复制一个该图层，如图10-53所示。

14 → 执行菜单"文件"/"打开"命令，在"打开"对话框中选择之前存储的"标志设计"文件，将其打开，选择除背景以外的两个图层，如图10-54所示。

15 → 使用 ✛(移动工具)，拖曳选择的图层图像到新建的文档中，按Ctrl+E键将其合并为一个图层，将合并后的图层复制两个，如图10-55所示。

图10-53 复制图层

图10-54 选择图层

图10-55 复制两个图层

16 → 分别选择两个文字拷贝图层，使用 ✐(橡皮擦工具)将杯子外面的图像擦除，如图10-56所示。

17 → 将图标与对应的杯子选取后，按Ctrl+E键，将其合并为一个图层，如图10-57所示。

18 → 按Ctrl+T键调出变换框，拖曳控制点将图像进行旋转，效果如图10-58所示。

图10-56 擦除图像

图10-57 再次合并图层

图10-58 旋转图像

19 → 按Enter键确定，复制正立的杯子，执行菜单"编辑"/"变换"/"垂直翻转"命令，将图像进行垂直翻转并向下移动，再单击"添加图层蒙版"按钮，为图层添加空白蒙版，如图10-59所示。

20 → 选择 ■(渐变工具)，设置"渐变样式"为"线性渐变"、"渐变类型"为"从白色到黑色"，在画布中从上向下拖曳鼠标填充渐变蒙版，如图10-60所示。

图10-59 添加蒙版

图10-60 编辑蒙版

21 → 调整"不透明度"后，复制倒着的杯子并向下移动，执行菜单"编辑"/"变换"/"垂直翻转"命令，将图像进行垂直翻转，按Ctrl+T键调出变换框，按住Ctrl键拖曳控制点将其进行扭曲变换，如图10-61所示。

22 → 按Enter键确定，使用与制作正立杯子倒影同样的方法，制作倒立杯子的投影效果，再使用 ○(椭圆选框工具)在杯口处绘制圆环制作杯口效果。至此本例制作完成，效果如图10-62所示。

图10-61 扭曲图像

图10-62 最终效果

案例84 企业礼品袋设计

教学视频

通过制作如图10-63所示的流程效果图，掌握变换操作和"亮度/对比度"命令的应用方法。

图10-63 流程图

案例 重点

● 应用"光照效果"命令和"渐变工具"制作图像的背景。

- 使用"矩形工具"绘制手提袋。
- 应用"变换"命令对图像进行扭曲变换。
- 应用"亮度/对比度"命令设置图像的明暗度。
- 合并图层并添加投影。

案例 步骤

01 → 执行菜单"文件"/"新建"命令或按Ctrl+N键，弹出"新建文档"对话框，设置文件的"宽度"为18厘米、"高度"为13.5厘米、"分辨率"为150像素/英寸、"颜色模式"为"RGB颜色"、"背景内容"为"白色"，单击"创建"按钮，如图10-64所示。

02 → 将"前景色"设置为蓝色，按Alt+Delete键填充前景色，如图10-65所示。

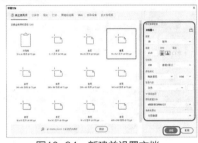

图10-64　新建并设置文档

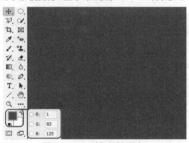

图10-65　填充前景色

03 → 执行菜单"滤镜"/"渲染"/"光照效果"命令，弹出"光照效果"属性面板，设置参数，如图10-66所示。

04 → 设置完毕，单击"确定"按钮，效果如图10-67所示。

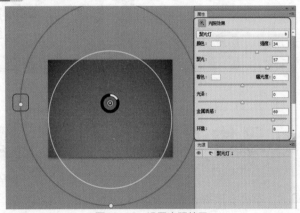

图10-66　设置光照效果

图10-67　光照效果

05 → 新建"图层1"，绘制一个矩形选区，选择 ▣ (渐变工具)，设置"渐变样式"为"线性渐变"、"渐变类型"为"从前景色到透明"，在选区内从上向下拖曳鼠标填充渐变色，效果如图10-68所示。

06 → 按Ctrl+D键取消选区，新建"图层2"，将"前景色"设置为白色，使用 ▢ (矩形工具)绘制一个白色矩形，如图10-69所示。

07 → 执行菜单"文件"/"打开"命令，在"打开"对话框中选择之前存储的"标志设计"文件，将其打开，选择除"背景"以外的两个图层，使用 ✛ (移动工具)拖曳选择的两个图层中的图像到新建文档中，按Ctrl+T键调出变换框，拖曳控制点将图像缩小，效果如图10-70所示。

08 → 按Enter键确定，单独复制渐变图像，按Ctrl+T键调出变换框，拖曳控制点将图像放大，效果如图10-71所示。

图10-68 填充渐变色

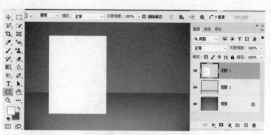

图10-69 绘制矩形

图10-70 复制图层并调整图像

图10-71 复制并变换

09 → 按Enter键确定，按住Ctrl键的同时单击"图层1拷贝19"图层的缩略图，调出选区，新建"图层3"，将选区填充为灰色，并将其向下移动，如图10-72所示。

10 → 按Ctrl+D键取消选区，设置"图层3"的"不透明度"为40%，"图层1拷贝19"的"不透明度"为60%，如图10-73所示。

图10-72 填充并移动选区

图10-73 设置不透明度

11 → 按住Ctrl键的同时单击"图层2"图层的缩略图，调出选区，按Ctrl+Shift+I键将选区反选，再选择"图层3"和"图层1拷贝19"图层，按Delete键清除选区内容，效果如图10-74所示。

12 → 按Ctrl+D键取消选区，在"图层"面板中将除"背景"和"图层1"的所有图层一同选取，按Ctrl+E键合并图层，并将合并后的图层命名为"正面"，如图10-75所示。

图10-74 清除选区内容

图10-75 合并图层并命名

13 → 新建"图层2"，使用 ▢(矩形选框工具)绘制一个矩形选区，将"前景色"设置为黄色，

"背景色"设置为红色。选择 ▣ (渐变工具)，设置"渐变样式"为"径向渐变"、"渐变类型"为"从前景色到背景色"，在选区中间向下拖曳鼠标填充渐变色，如图10-76所示。

14 → 使用 ⅠT.(直排文字工具)，在页面中输入相应的文字，将文字图层与图层2一同选取，按Ctrl+E键合并图层，将合并后的图层命名为"侧面"，如图10-77所示。

图10-76　填充渐变色

图10-77　输入文字并合并图层

15 → 选择"正面"图层，使用 ▣ (矩形选框工具)绘制一个矩形选区，如图10-78所示。

16 → 按Ctrl+X键剪切，再按Ctrl+V键粘贴，将剪切的图像粘贴到新建的图层中，如图10-79所示。

图10-78　绘制选区

图10-79　剪切和粘贴图像

17 → 选择"正面"图层，按Ctrl+T键调出变换框，按住Ctrl键的同时拖曳控制点将图像进行变换，如图10-80所示。

18 → 按Enter键确定，选择"图层2"图层，按Ctrl+T键调出变换框，按住Ctrl键的同时拖曳控制点将图像进行变换，如图10-81所示。

图10-80　变换"正面"图像

图10-81　变换"图层2"图像

19 → 按Enter键确定，选择"正面"图层并调出选区，将"前景色"设置为灰色，选择 ▣ (渐变工具)，设置"渐变样式"为"线性渐变"，"渐变类型"为"从前景色到透明"，在图像中从下向上拖曳鼠标填充渐变色，如图10-82所示。

20 → 按Ctrl+D键取消选区，选择"侧面"图层，按Ctrl+T键调出变换框，按住Ctrl键的同时拖曳控制点将图像进行变换，如图10-83所示。

图10-82　填充渐变色

图10-83　变换"侧面"图像

21 → 按Enter键确定，使用 ✂.(多边形套索工具)在侧面的底部绘制一个选区，按Ctrl+T键调出变换框，按住Ctrl键的同时拖曳控制点将图像进行变换，如图10-84所示。

22 → 使用 ✂.(多边形套索工具)，在侧面创建一个选区，执行菜单"图像"/"调整"/"亮度/对比度"命令，弹出"亮度/对比度"对话框，设置"亮度"为-112、"对比度"为-8，如图10-85所示。

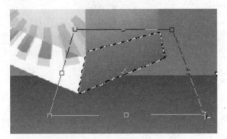
图10-84　变换选区图像

图10-85　设置侧面"亮度/对比度"参数

23 → 设置完毕，单击"确定"按钮，效果如图10-86所示。

24 → 使用 ✂.(多边形套索工具)，在侧面底部创建一个选区，执行菜单"图像"/"调整"/"亮度/对比度"命令，弹出"亮度/对比度"对话框，设置"亮度"为-50、"对比度"为-10，如图10-87所示。

25 → 设置完毕，单击"确定"按钮，效果如图10-88所示。

图10-86　侧面效果

图10-87　设置侧面底部"亮度/对比度"参数

图10-88　侧面底部效果

26 → 新建一个图层，使用 ✂.(多边形套索工具)绘制一个与正面相对应的兜口选区，并将其填充为灰色，如图10-89所示。

27 → 在兜口处创建选区并对其应用"亮度/对比度"命令，进行亮度和对比度的调整，效果如图10-90所示。

28 → 新建一个图层，使用 ✐.(画笔工具)在兜口处绘制红色拎绳，如图10-91所示。

调暗 调亮

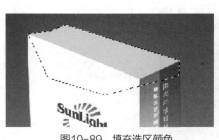 

图10-89　填充选区颜色　　　　　　图10-90　调整效果　　　　　　图10-91　绘制拎绳

29 → 将手提袋涉及的图层一同选取，按Ctrl+E键将其合并为一个图层。执行菜单"图层"/"图层样式"命令，弹出"图层样式"对话框，设置"投影"参数，如图10-92所示。

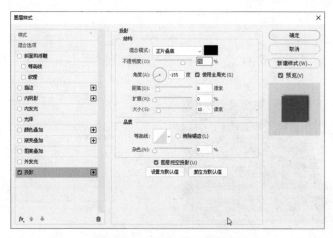

图10-92　设置"投影"样式

30 → 设置完毕，单击"确定"按钮，复制一个手提袋图层，按Ctrl+T键调出变换框，拖曳控制点将图像进行适当旋转，如图10-93所示。

31 → 至此本例制作完成，效果如图10-94所示。

图10-93　调整图像　　　　　　　　　图10-94　最终效果

本章练习

虚拟一家企业，设计一个与之相对应的Logo，规格不限。

第11章

海报设计

本章以案例的形式精心设计了两个不同行业的广告海报，分别为公益海报和电影海报。

海报设计是对图像、文字、色彩、版面、图形等表达广告的元素，结合广告媒体的使用特征，在计算机上通过相关设计软件，为实现表达广告目的和意图而进行的平面艺术创意的一种设计活动或过程。

学习海报设计应了解以下几点：

- 设计的3I要求
- 表现形式
- 海报的分类

设计的3I要求

冲击力(impact)

从视觉表现的角度来衡量，视觉效果是吸引受众并用他们喜欢的语言来传达产品的利益点。一则成功的平面广告在画面上应该有非常强的吸引力，如色彩的科学运用、合理搭配，图片的准确运用等。

信息内容(information)

一则成功的平面广告可以通过简单、清晰的信息内容准确传递利益要点。广告信息内容要能够系统化地融合消费者的需求点、利益点和支持点等沟通要素。

品牌形象(image)

从品牌的定位策略高度来衡量，一则成功的平面广告应该符合稳定、统一的品牌个性和品牌定位策略；在同一宣传主题下的不同广告版本，其创作表现的风格和整体表现应该能够保持一致和连贯性。

表现形式

店内海报设计

店内海报通常应用于营业店面内，用于店内装饰和宣传。店内海报设计需要考虑店内的整体风格、色调及营业的内容，力求与环境相融。

招商海报设计

招商海报通常以商业宣传为目的，采用引人注目的视觉效果达到宣传某种商品或服务的目的。招商海报设计应明确其商业主题，同时在文案应用上要注意突出重点，不宜太花哨。

展览海报设计

展览海报主要用于展览会的宣传，常分布于街道、影剧院、展览会、商业区、车站、码头、公园等公共场所。它具有传播信息的作用，涉及内容广泛、艺术表现力丰富、远视效果强。

平面海报设计

平面海报设计不同于其他海报设计，它是单体的、独立的一种海报广告文案。平面海报设计没有那么多的拘束，可以是随意的一笔，只要能表达宣传的主题就好，成本低、观赏性强，是比较符合现代广告界青睐的一种画报。

海报的分类

商业海报

商业海报是指宣传商品或商业服务的商业广告性海报。商业海报设计要恰当地配合产品的格调和受众对象。

文化海报

文化海报是指各种社会文娱活动及各类展览的宣传海报。展览的种类很多，不同的展览各具特点，设计师需要了解展览和活动的内容，才能运用恰当的方法表现其风格。

电影海报

电影海报是海报的分支，主要起到吸引观众注意、刺激电影票房收入的作用，与戏剧海报、文化海报等有几分类似。

公益海报

公益海报是带有一定思想性的，这类海报具有特定的对公众的教育意义，其海报主题包括各种社会公益、道德的宣传，或政治思想的宣传，弘扬爱心奉献、共同进步的精神等。

案例85　公益海报设计

教学视频

通过制作如图11-1所示的流程效果图，掌握蒙版与"加深工具"的应用方法。

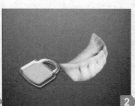

图11-1　流程图

案例　重点

- 应用"光照效果"命令制作图像的背景。
- 为导入的素材添加预设样式。
- 调整"色相/饱和度""亮度/对比度"和"色阶"。
- 添加图层蒙版并应用"画笔工具"编辑蒙版。
- 应用"加深工具"对边缘进行加深处理。

- 添加图层蒙版并应用"渐变工具"编辑蒙版。
- 填充渐变色。

案例 **步骤**

01 → 执行菜单"文件"/"新建"命令或按Ctrl+N键，弹出"新建文档"对话框，设置文件的"宽度"为18厘米、"高度"为13.5厘米、"分辨率"为150像素/英寸、"颜色模式"为"RGB颜色"、"背景内容"为"白色"，单击"创建"按钮，如图11-2所示。

02 → 将"前景色"设置为蓝色，按Alt+Delete键填充前景色，如图11-3所示。

03 → 执行菜单"滤镜"/"渲染"/"光照效果"命令，弹出"光照效果"属性面板，设置参数，如图11-4所示。

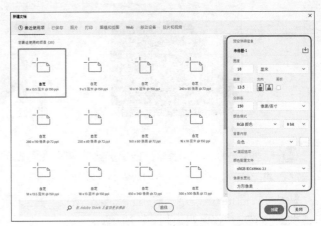

图11-2　新建并设置文档

图11-3　填充前景色

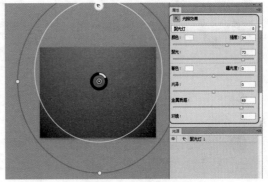

图11-4　设置光照效果

04 → 设置完毕，单击"确定"按钮，此时背景制作完成，效果如图11-5所示。

05 → 打开附赠资源中的"素材文件"/"第11章"/"水饺"素材，如图11-6所示。

06 → 使用 ✛.(移动工具)，拖曳"水饺"素材中的图像到新建文档中，得到"图层1"，按Ctrl+T键调出变换框，拖曳控制点将图像旋转，如图11-7所示。

图11-5　光照效果

图11-6　打开"水饺"素材图片

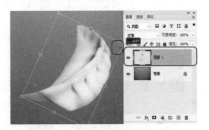

图11-7　新建图层并调整图像

07 → 按Enter键确定，再打开附赠资源中的"素材文件"/"第11章"/"锁"素材，效果如

图11-8所示。

08 → 选择 ■.(对象选择工具)，在图像中的锁头上单击，为锁头创建选区，如图11-9所示。

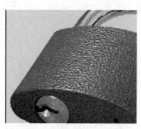

图11-8 打开"锁"素材图片

图11-9 创建选区

09 → 使用 ✛.(移动工具)，拖曳选区内的图像到新建文档中，得到"图层2"，按Ctrl+T键调出变换框，拖曳控制点将图像旋转和缩小，效果如图11-10所示。

10 → 按Enter键确定，复制"图层2"后，将拷贝隐藏，选择"图层2"，在"样式"面板中单击"水银"样式，效果如图11-11所示。

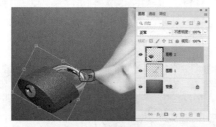

图11-10 变换图像

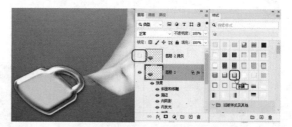

图11-11 添加样式

11 → 新建"图层3"，将"图层3"和"图层2"一同选取，按Ctrl+E键将其合并，效果如图11-12所示。

12 → 执行菜单"图像"/"调整"/"色相/饱和度"命令，弹出"色相/饱和度"对话框，勾选"着色"复选框，设置"色相"为198、"饱和度"为85、"明度"为0，如图11-13所示。

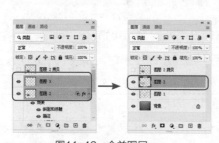

图11-12 合并图层

图11-13 设置合并图层"色相/饱和度"参数

13 → 设置完毕，单击"确定"按钮，效果如图11-14所示。

14 → 执行菜单"图像"/"调整"/"色阶"命令，弹出"色阶"对话框，设置参数，如图11-15所示。

15 → 设置完毕，单击"确定"按钮，效果如图11-16所示。

16 → 执行菜单"图像"/"调整"/"色相/饱和度"命令，弹出"色相/饱和度"对话框，设置"色相"为0、"饱和度"为-35、"明度"为22，如图11-17所示。

17 → 设置完毕，单击"确定"按钮，效果如图11-18所示。

图11-14　合并图层的调整效果

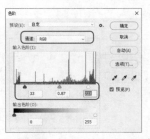

图11-15　设置"色阶"参数

图11-16　调整色阶效果

图11-17　再次设置"色相/饱和度"参数

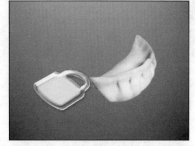

图11-18　调整"色相/饱和度"效果

18 → 将"图层2拷贝"显示并设置"混合模式"为"柔光"，效果如图11-19所示。

19 → 按Ctrl+E键向下合并图层，执行菜单"图像"/"调整"/"亮度/对比度"命令，弹出"亮度/对比度"对话框，设置"亮度"为-5、"对比度"为-35，如图11-20所示。

20 → 设置完毕，单击"确定"按钮，效果如图11-21所示。

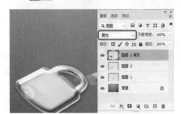

图11-19　设置混合模式

图11-20　设置"亮度/对比度"参数

图11-21　调整亮度/对比度效果

21 → 单击"添加图层蒙版"按钮，为"图层3"添加图层蒙版，将"前景色"设置为黑色，使用 ✔ (画笔工具)在锁环处进行涂抹，对其应用蒙版，效果如图11-22所示。

22 → 蒙版编辑完毕，选择水饺所在的"图层1"，使用 🖌 (加深工具)在蒙版边缘处进行涂抹，将边缘加深，效果如图11-23所示。

图11-22　编辑蒙版

图11-23　加深蒙版边缘

23 → 按住Ctrl键单击"图层1"缩略图，调出选区，在"图层1"的下面新建一个"图层4"，为其填充前景色，效果如图11-24所示。

24 → 执行菜单"滤镜"/"模糊"/"方框模糊"命令，弹出"方框模糊"对话框，设置"半径"为30像素，如图11-25所示。

25 → 设置完毕，单击"确定"按钮，按Ctrl+D键取消选区，再按Ctrl+T键调出变换框，按住Ctrl键拖曳控制点将图像扭曲变换，效果如图11-26所示。

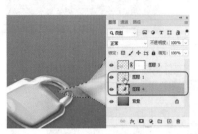  

图11-24　调出选区　　　　　图11-25　设置"方框模糊"参数　　　　　图11-26　变换图像

26 → 按Enter键确定，单击"添加图层蒙版"按钮，为"图层4"添加图层蒙版，选择▣（渐变工具），设置"渐变样式"为"线性渐变"、"渐变类型"为"从黑色到白色"，在图像的左上角向右下角拖曳鼠标，填充渐变蒙版，效果如图11-27所示。

27 → 使用▣（横排文字工具），在画布中输入相应的文字。至此本例制作完成，效果如图11-28所示。

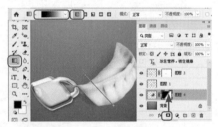 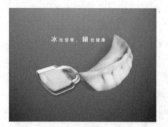

图11-27　添加蒙版　　　　　　　　图11-28　最终效果

案例86　电影海报设计

教学视频

通过制作如图11-29所示的流程效果图，掌握"可选颜色"命令的应用方法。

图11-29　流程图

案例 重点

- 应用"纹理化""炭笔"和"颗粒"命令，结合"混合模式"制作图像的背景。
- 应用变换功能对素材进行调整。
- 调出选区，反选选区并清除选区内容。
- 应用"描边"命令制作描边。

案例 步骤

01 → 执行菜单"文件"/"新建"命令或按Ctrl+N键，弹出"新建文档"对话框，设置参数，如图11-30所示。

02 → 将"前景色"设置为灰色、"背景色"设置为白色，执行菜单"滤镜"/"滤镜库"命令，在弹出的对话框中选择"纹理/纹理化"选项，设置参数，如图11-31所示。

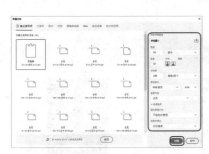

图11-30 新建并设置文档

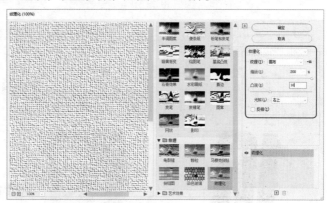

图11-31 设置"纹理化"滤镜

03 → 设置完毕，单击"确定"按钮，效果如图11-32所示。

04 → 执行菜单"滤镜"/"滤镜库"命令，在弹出的对话框中选择"素描/炭笔"选项，设置"炭笔粗细"为1、"细节"为5、"明/暗平衡"为100，如图11-33所示。

05 → 设置完毕，单击"确定"按钮，效果如图11-34所示。

图11-32 纹理化效果

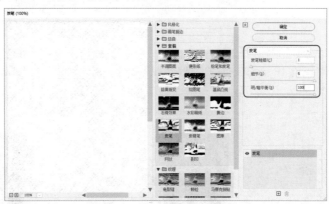

图11-33 设置"炭笔"滤镜

图11-34 炭笔效果

06 → 复制"背景"图层，执行菜单"滤镜"/"滤镜库"命令，在弹出的对话框中选择"纹理"/"颗粒"选项，设置"强度"为70、"对比度"为45、"颗粒类型"为"垂直"，如图11-35所示。

07 → 设置完毕，单击"确定"按钮，设置"混合模式"为"变暗"、"不透明度"为45%，效果如图11-36所示。

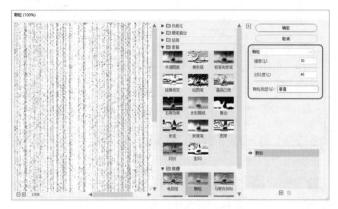

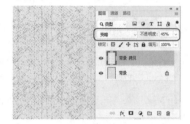

图11-35 设置"颗粒"滤镜　　　　　　　　　　　　　　　　图11-36 颗粒效果

08 → 使用 **T.**(横排文字工具)，在画布中输入文字，将文字图层全选，按Ctrl+T键调出变换框，拖曳控制点将其旋转，按Enter键确定，再执行菜单"图层"/"栅格化"/"文字"命令，将文字图层转换成普通图层，效果如图11-37所示。

09 → 打开附赠资源中的"素材文件"/"第11章"/"剧照1"和"剧照2"素材，如图11-38和图11-39所示。

图11-37 输入并调整文字　　　　图11-38 打开"剧照1"素材图片　　　图11-39 打开"剧照2"素材图片

10 → 使用 (移动工具)，拖曳"剧照1"素材中的图像和"剧照2"素材中的图像到新建文档中，分别得到"图层1"和"图层2"，按Ctrl+T键调出变换框，拖曳控制点将图像进行适当变换，效果如图11-40所示。

11 → 将"图层1"和"图层2"都设置得透明一些，这样可以看见后面的图像，对其变换时有参照物，变换完毕后，按住Ctrl键的同时单击图层的缩略图，调出选区，如图11-41所示。

12 → 按Ctrl+Shift+I键将选区反选，分别选择"图层1"和"图层2"，按Delete键清除选区内容，效果如图11-42所示。

图11-40 变换图像　　　　　　　图11-41 调出选区　　　　　　　图11-42 清除选区内容

13 → 取消图层的不透明度，将"图层1"和"图层2"一同选取，按Ctrl+E键将其合并为一个图层，执行菜单"编辑"/"描边"命令，弹出"描边"对话框，在"描边"部分设置"宽度"为5像素、"颜色"为黑色，在"位置"部分勾选"内部"，在"混合"部分设置为默认值，如图11-43所示。

14→　设置完毕，单击"确定"按钮，按Ctrl+D键取消选区，效果如图11-44所示。

15→　使用 T.(横排文字工具)，在画布中输入相应的文字。至此本例制作完成，效果如图11-45所示。

图11-43　设置"描边"参数　　　　图11-44　描边效果　　　　图11-45　最终效果

本章练习

设计一个酒类海报，要求大小为180mm×135mm，设计时一定要围绕酒主题进行制作。

第12章

封面与版式设计

本章为大家精心制作了两个案例，分别为产品手册封面设计和产品说明版式设计。通过案例的形式来展示封面与版式设计的相关知识。

封面设计的概念

封面是装帧艺术的重要组成部分，犹如音乐的序曲，是把读者带入内容的向导，让读者充分感受设计的魅力。封面设计要遵循平衡、韵律与调和的造型规律，突出主题，大胆设想，运用构图、色彩、图案等知识，设计出完美、典型而富有情感的封面。

封面设计的要素

文字

封面文字主要有书名(包括丛书名、副书名)、作者名和出版社名等。这些留在封面上的文字信息，在设计中起着举足轻重的作用。

图形

图形包括摄影、插图和图案，分为写实、抽象、写意等风格。

色彩

色彩是最容易打动读者的书籍设计语言，色彩设计要与书籍内容的基本格调相呼应。因此，色彩语言表达要遵循一致性，发挥色彩的视觉作用。

构图

构图的形式有垂直、水平、倾斜、曲线、交叉、向心、放射、三角、叠合、边线、散点、底纹等。

封面设计的定位

封面设计的成败取决于设计定位，即封面设计的风格定位、企业文化及产品特点分析、行业特点定位、画册操作流程、客户的观点等，这些都可能影响封面设计的风格。好的封面设计一般来自于前期的沟通，了解用户的需求，从而设计出用户满意的作品。

版式设计类型

版式设计的类型主要包含骨格型、满版型、上下分割型、左右分割型、中轴型、曲线型、倾斜型、对称型、重心型、并置型、自由型和四角型等，简单介绍如下。

骨格型

骨格型版式是规范的、理性的分割方法，图片和文字的编排严格按照骨格比例，给人以严谨、和谐和理性的美。常见的骨格型版式，如竖向通栏、双栏、三栏和四栏等。

满版型

版面以图像充满整版，主要以图像为主，视觉传达直观而强烈。文字配置压置在上下、左右或中部(边部和中心)的图像上。满版型给人大方和舒展的感觉，是商品广告常用的形式。

上下分割型

整个版面分成上下两部分：在上半部或下半部配置图片(可以是单幅或多幅)，感性而有活力；另一部分则配置文字，理性而静止。

左右分割型

整个版面分割为左右两部分，分别配置文字和图片。这种分割方式容易使左右两部分形成强弱对比，造成视觉心理的不平衡，不如上下分割型的视觉流程自然，因此在实际的设计过程中，通常将分割线虚化处理，或用文字左右重复穿插，使左右部分自然和谐。

中轴型

中轴型是将图形进行水平方向或垂直方向排列，文字配置在上下或左右。水平排列的版面，给人稳定、安静、平和与含蓄之感；垂直排列的版面，给人强烈的动感。

曲线型

曲线型是指将图片和文字排列成曲线，产生韵律与节奏的感觉。

倾斜型

倾斜型是指将版面主体形象或多幅图像作倾斜编排，造成版面强烈的动感和不稳定性，引人注目。

对称型

对称的版式，给人稳定和理性的感觉。对称分为绝对对称和相对对称，通常排版中采用相对对称的手法，以免版面过于严肃。

重心型

重心型版式，是在排版时设计一个视觉焦点，突出重要内容。重心型版式分为向心和离心两种：向心是视觉元素向版面中心聚拢；离心是版式向外扩散。

并置型

并置型版式，是将相同或不同的图片进行大小相同而位置不同的重复排列。并置型构成的版面有比较和解说的意味，给原本复杂的版面以秩序、安静、调和与节奏感。

自由型

自由型版式，是对内容进行无规律的、随意的编排，使版面产生活泼和轻快的感觉。

四角型

四角型版式，是在版面的四角及连接四角的对角线结构上编排图形，给人严谨和规范的感觉。

案例87 **产品手册封面设计**

教学视频

通过制作如图12-1所示的流程效果图，掌握"收缩""羽化"和"文字变形"等命令的应用方法。

图12-1　流程图

案例 **重点**

- 新建文件并设置标尺。
- 导入素材并调整大小和位置。
- 使用"钢笔工具"绘制形状图层。
- 通过"收缩""羽化"命令来制作气泡的雏形。
- 为气泡添加高光。
- 为文字添加图层样式和对文字进行变形操作。

案例 **步骤**

01 → 执行菜单"文件"/"新建"命令或按Ctrl+N键，弹出"新建文档"对话框，设置参数，如图12-2所示。

02 → 按Ctrl+R键调出标尺，在标尺上向画布中拖出辅助线，如图12-3所示。

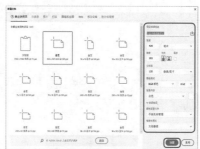

图12-2　新建并设置文档

图12-3　拖出辅助线

03 → 辅助线制作完成，先制作手册右半部分的效果。打开附赠资源中的"素材文件"/"第12章"/"餐桌"素材，如图12-4所示。

04 → 使用 ⊕ (移动工具)，拖曳素材中的图像到新建文档中，得到"图层1"，按Ctrl+T键调出变换框，拖曳控制点将图像进行适当缩放，如图12-5所示。

05 → 按Enter键确定，再打开附赠资源中的"素材文件"/"第12章"/"素材-人物"素材，如图12-6所示。

图12-4 打开"餐桌"素材图片

图12-5 缩放图像

图12-6 打开"素材-人物"素材图片

06 → 使用 ⊕ (移动工具)，拖曳素材中的图像到新建文档中，得到"图层2"，按Ctrl+T键调出变换框，拖曳控制点将图像进行适当缩放，如图12-7所示。

07 → 选择 ⌀ (钢笔工具)，在属性栏中选择"形状"选项，设置"填充"为粉色、"描边"为无，使用 ⌀ (钢笔工具)，在画布中绘制如图12-8所示的形状。

08 → 使用同样的方法，绘制"形状2"和"形状3"，只要稍微更改一下填充颜色即可，效果如图12-9所示。

图12-7 调整图像

图12-8 绘制形状

图12-9 再次绘制形状

09 → 新建"图层3"，使用 ○ (椭圆选框工具)在画布中绘制一个正圆选区并填充"粉色"，如图12-10所示。

10 → 执行菜单"选择"/"修改"/"收缩"命令，弹出"收缩选区"对话框，设置"收缩量"为30像素，单击"确定"按钮，效果如图12-11所示。

11 → 执行菜单"选择"/"修改"/"羽化"命令，弹出"羽化选区"对话框，设置"羽化半径"为45像素，单击"确定"按钮，效果如图12-12所示。

图12-10 绘制并填充选区

图12-11 收缩选区

图12-12 羽化选区

12 → 按Delete键清除选区内容，效果如图12-13所示。

13 → 按Ctrl+D键取消选区，下面制作小球上的高光，新建"图层4"，使用 ○ (椭圆选框工具)在画布中绘制一个椭圆并填充"淡粉色"，如图12-14所示。

14 → 按Ctrl+T键调出变换框，拖曳控制点将小椭圆旋转，效果如图12-15所示。

图12-13 清除选区　　　　　　图12-14 填充选区　　　　　　图12-15 旋转选区

15 → 按Enter键确定，按Ctrl+D键取消选区，复制"图层4"，按Ctrl+T键调出变换框，拖曳控制点将小椭圆缩放，效果如图12-16所示。

16 → 使用 ✐ (画笔工具)绘制下面的高光，按Ctrl+E键将小球所占用的图层合并，如图12-17所示。

17 → 再复制几个小球图层，将其移动到相应的位置并调整大小，将图层进行链接，如图12-18所示。

图12-16 缩放图像　　　　　　图12-17 绘制高光　　　　　　图12-18 复制并变换图层

18 → 打开附赠资源中的"素材文件"/"第12章"/"家用电器"素材，如图12-19所示。

19 → 使用 ✛ (移动工具)，拖曳素材中的图像到新建文档中，得到"图层3""图层4"和"图层5"，将图像分别移动到相应位置并调整大小，如图12-20所示。

20 → 使用 **T** (横排文字工具)，在画布中输入文字，如图12-21所示。

图12-19 打开"家用电器"素材图片　　　图12-20 调整图片大小和位置　　　图12-21 输入文字

21 → 执行菜单"图层"/"图层样式"命令，弹出"图层样式"对话框，设置"渐变叠加"参数，如图12-22所示。

22 → 设置完毕，单击"确定"按钮，效果如图12-23所示。

23 → 在文字图层下新建"图层6"，按住Ctrl键的同时单击文字图层的缩略图，调出选区，如图12-24所示。

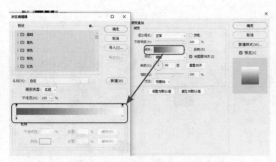

图12-22 设置"渐变叠加"样式　　图12-23 渐变叠加效果　　图12-24 调出选区

24 → 执行菜单"选择"/"修改"/"扩展"命令，弹出"扩展选区"对话框，设置"扩展量"为5像素，单击"确定"按钮，效果如图12-25所示。

25 → 将选区填充为比较浅的"粉色"，效果如图12-26所示。

26 → 按Ctrl+D键取消选区，执行菜单"图层"/"图层样式"命令，弹出"图层样式"对话框，设置"投影"参数，如图12-27所示。

图12-25 扩展选区　　　　图12-26 填充选区颜色　　　　图12-27 设置"投影"样式

27 → 设置完毕，单击"确定"按钮，效果如图12-28所示。

28 → 使用 T.(横排文字工具)，在画布中输入"仕龙电器，时尚家庭新主张"广告语，如图12-29所示。

29 → 执行菜单"文字"/"文字变形"命令，弹出"变形文字"对话框，设置参数，如图12-30所示。

图12-28 添加投影效果　　　图12-29 输入广告语　　　图12-30 设置"变形文字"参数

30 → 设置完毕，单击"确定"按钮，效果如图12-31所示。

31 → 执行菜单"图层"/"图层样式"命令，弹出"图层样式"对话框，设置"外发光"参数，如图12-32所示。

32 → 设置完毕，单击"确定"按钮，再使用 T.(横排文字工具)，在画布中输入其他文字，效果如图12-33所示。至此右半部分制作完成。

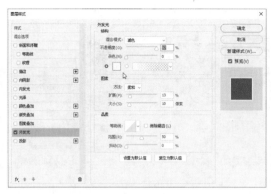

图12-31　文字变形效果　　　　图12-32　设置"外发光"样式　　　　图12-33　输入其他文字

33 → 下面制作手册的左半部分。复制"餐桌"所在的"图层1"，并将其移动到左半部分，如图12-34所示。

34 → 单击"添加图层蒙版"按钮，为"图层1拷贝"添加空白蒙版，选择▣(渐变工具)，设置"渐变样式"为"线性渐变"、"渐变类型"为"从黑色到白色"，使用▣(渐变工具)从下向上拖曳鼠标填充渐变色，创建渐变蒙版，效果如图12-35所示。

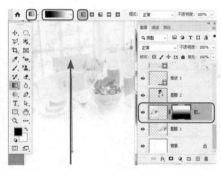

图12-34　复制图层并移动　　　　　　　　　图12-35　创建渐变蒙版

35 → 在"图层2"上新建"图层7"，使用▢(矩形工具)，在画布中绘制三个不同粉色的矩形，如图12-36所示。

36 → 再使用 T.(横排文字工具)，在画布中输入一些修饰文字。至此本例制作完成，效果如图12-37所示。

图12-36　绘制矩形　　　　　　　　　　图12-37　最终效果

案例88 产品说明版式设计

通过制作如图12-38所示的流程效果图，掌握"钢笔工具"的应用方法。

图12-38 流程图

案例 重点

- 新建文件并设置标尺。
- 导入素材并调整大小和位置。
- 使用"钢笔工具"绘制形状图层。
- 调出选区，移动选区位置并清除选区内容。

案例 步骤

01 → 执行菜单"文件"/"新建"命令或按Ctrl+N键，弹出"新建文档"对话框，设置文件的"宽度"为190毫米、"高度"为266毫米、"分辨率"为120像素/英寸、"颜色模式"为"RGB颜色"、"背景内容"为"白色"，单击"创建"按钮，如图12-39所示。

02 → 按Ctrl+R键调出标尺，按照需要制作单页大小，在标尺上向画布中拖出辅助线，如图12-40所示。

03 → 打开附赠资源中的"素材文件"/"第12章"/"餐桌2"素材，如图12-41所示。

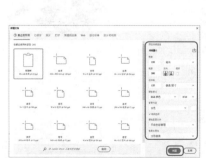

图12-39 新建并设置文档

图12-40 拖出辅助线

图12-41 打开素材图片

04 → 使用 ✛.(移动工具)，拖曳素材中的图像到新建文档中，得到"图层1"，按Ctrl+T键调出变换框，拖曳控制点对图像进行适当缩放，如图12-42所示。

05 → 使用 ⌀.(钢笔工具)，在画布中绘制如图12-43所示的白色形状。

图12-42　变换图片

图12-43　绘制形状

06 → 新建"图层2"，按住Ctrl键单击"形状1"图层的缩略图，调出选区，将选区填充为"粉色"，如图12-44所示。

07 → 选择"选区工具"后，将选区向下移动，按Delete键清除选区内容，如图12-45所示。

08 → 按Ctrl+D键取消选区，设置"不透明度"为40%，效果如图12-46所示。

09 → 将"图层1""形状1"和"图层2"一同选取，使用 ✛.(移动工具)将其向下移动，打开附赠资源中的"素材文件"/"第12章"/"锅"素材，如图12-47所示。

图12-44　填充选区

图12-45　清除选区内容

图12-46　设置不透明度

图12-47　移动图层并打开素材图片

10 → 使用 ✛.(移动工具)，将素材移入相应的位置，使用"文字工具"输入相应文字，完成本例的制作，效果如图12-48所示。

图12-48　最终效果

本章练习

为自己喜欢的图书设计封面和封底。